21世纪
高职高专土建类设计专业精品教材
（建筑设计基础系列）

建筑初步

（下册）

JIANZHU CHUBU

黄　琪　郑孝正　陈　蓓　编著

上海交通大学出版社
SHANGHAI JIAO TONG UNIVERSITY PRESS

内容提要

作为 2013 年上海市民办高校重点科研项目配套成果,本书总结了近三年高职高专基础教学改革的研究成果与实践经验,围绕着建筑形态与空间所需的技能训练共分建筑形态与空间基础、分析、表达三大部分,包括:形态基础,空间基础,建筑形态构成,建筑图解分析,表达之透视、轴测,表达之模型六个单元。每个单元附有单元练习,便于教学使用。

本书采用新的观念、新的体系、新的方法进行编写,图文并举,易懂易学,可为高职高专建筑设计技术专业、城镇规划专业等相关专业的教学用书,也可供相关专业的学生与设计人员参考。

图书在版编目(CIP)数据

建筑初步. 下册/黄琪,郑孝正,陈蓓编著. —上海:上海交通大学
出版社,2014(2021 重印)
ISBN 978-7-313-10890-6

Ⅰ.①建… Ⅱ.①黄…②郑…③陈… Ⅲ.①建筑学—高等职业
教育—教材 Ⅳ.①TU

中国版本图书馆 CIP 数据核字(2014)第 036528 号

建筑初步(下册)

编　　著:黄　琪　郑孝正　陈　蓓
出版发行:上海交通大学出版社　　　　　　　地　　址:上海市番禺路 951 号
邮政编码:200030　　　　　　　　　　　　　电　　话:021-64071208
印　　制:当纳利(上海)信息技术有限公司　　经　　销:全国新华书店
开　　本:787mm×1092mm　1/16　　　　　　印　　张:7
字　　数:151 千字
版　　次:2014 年 3 月第 1 版　　　　　　　　印　　次:2021 年 1 月第 3 次印刷
书　　号:ISBN 978-7-313-10890-6
定　　价:34.00 元

版权所有　侵权必究
告读者:如发现本书有印装质量问题请与印刷厂质量科联系
联系电话:021-31011198

前　言

　　上海的高职院校中,设置建筑设计技术专业的只有济光学院,究其原因是因为济光学院源自同济大学,尤其是这个上海高职唯一的建筑类专业,在1993年济光学院开创之初的专业就是建筑设计。20年来,同济建筑系的教师与退休教师、在读研究生支撑着这个专业的教学。近年来,一群毕业于同济的硕士与博士成为济光建筑技术专业的教师骨干,他们结合教学实践,参与专业的课程改革,取得初步的成果后又重新组织力量,确立了进一步深化课程改革、推进建筑设计技术专业的课程体系建设的总体目标。其中建筑设计基础课程体系建设被列入上海市民办高校重点科研项目(2013年)。本套书《建筑初步(上)、(下)》与《建筑设计入门》、《设计绘画》组成了该重点科研项目中的课程改革系列教材。

　　济光学院的建筑设计专业培养的是高职专业人才,具体的就业岗位定位是建筑师助手。这个岗位要求学生有较好的对建筑设计方案的理解能力,可以参与建筑设计全过程,较熟练地运用设计软件完成建筑设计表达。为了在较短的教学时间内,提高教学质量和效率,建筑设计基础课程体系针对学生的职业技能培养,对各课程做了具体的目标设定。

　　《建筑初步》在教材内容选择上,根据建筑师助手这一岗位目标,对应学生的识图与制图能力、形态与空间分析与表达能力三种基本训练分为上、下两个分册。针对高职学生特点,运用基本技能单元的方法来组织教材内容,由浅入深,循序渐进,通过"一个单元教学、一个课题训练、一个技能掌握、一个创意闪现"的新方式,融"教、学、做"为一体,充分体现基础教学改革重在实践能力培养,融岗位技能培养与适度创新能力为一体的专业人才培养目标。

　　建筑设计是需要创新的,教材的编写中,编者注意到在进行基本技能的训练中也是可以进行创新能力的开发与培养的,这不仅是建筑设计专业的需要,也是学生当好建筑师助手,追求个性发展的基础,让每一个学生在社会发展中出彩是我们教育者的终极目标。

郑孝正

2013年12月

目　　录

第一篇
建筑形态与空间基础

第1单元　形　态　基　础

 单元课题概况

单元课题时间：本课题共6课时。

课题教学要求：

（1）了解形态构成的概念与相关知识。

（2）掌握建筑专业学习该课程的方法。

（3）熟悉平面构成的基本原理和美学原则。

（4）熟悉立体构成的基本原理和美学原则。

（5）理解平面构成与立体构成的关系。

课题训练目的：

（1）初步体验空间与形态，认识运用构成手法创造空间形态的无限可能性。

（2）培养对空间美的感受和把握能力，为建筑形态构成的学习奠定基础。

课题作业：空间与形态（一）

1.1　导　　论

1.1.1　形态构成的概念

1.1.1.1　平面构成的核心公式

形态构成＝形态＋构成。其中形态由形状与情态两部分组成：形状包括物体的几何形状、大小、色彩、肌理等识别性；情态则指人对物体视觉特点的心理感受。构成指的是关系，各种形态之间的组合或组成的方式与方法。

1.1.1.2　形态构成的研究领域

形态构成研究的是"形"以及形的构成规律。形态构成是一切造型艺术的基础。形态构成相关知识的运用涉及了工业设计、商业设计、建筑设计、包装设计、展示设计、时装设计等多个与造型相关的设计专业范围。

形态构成是一种造型的概念，将不同形态的若干单元，按照一定的组织原则重新织合成为一个新的单元组。形态构成是一种造型能力的培养，一种建立在视觉与审美基础上的造型设计语言与思维的训练过程。形态构成是一种造型的方法，通过研究形态自身的规律，找

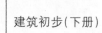

出符合审美要求的构成原则，创造美的形态。

通过对形态构成的学习，培养学生对形态的认知能力；了解形态的组合方式，增加对造型和构图美的观察能力和感受力。

1.1.1.3 形态构成的研究内容

形态构成的组成一般分为以下几种：

（1）两大构成：平面构成、立体构成。

（2）三大构成：平面构成、立体构成、色彩构成。

（3）五大构成：平面构成、立体构成、色彩构成、光构成、动画构成。

1.1.2 建筑设计技术专业形态构成的学习特点

1.1.2.1 建筑专业内容设置特点

建筑设计领域主要关注形态构成中最基本的部分，即空间限定、平面构成、立体构成三方面。空间限定、空间形体由二维到三维空间生成的过程以及三维形体在直角坐标系的二维对应表达，与建筑设计中建筑整体和平、立、剖面表达相似。所以，建筑专业形态构成的课程设置必须将空间与基本形的训练结合在建筑平面、立面、形体的生成过程之中，即把点、线、面、体、空间的训练与建筑平、立面以及形体与空间的设计直接联系在一起。

1.1.2.2 相关知识点

"形"是物体的外部可见特征，基本形就是用点、线、面等基本元素构成设计形态的基本形象。无论是二维的平面构成、三维的立体构成还是空间限定，学习时都必须牢牢把握与基本形紧密相关的知识点。

（1）基本形的提炼。学会如何在复杂的图形中提炼出点、线、面等基本元素构成的基本形。

（2）基本形的关系。了解基本形之间的相互关系可以更好地提炼出基本形。

（3）基本形的构成法则。掌握基本形的构成法，找出符合审美要求的构成原则，可以更好地理解与学习创造美的形态。

1.2 平面构成的相关内容

1.2.1 平面构成的概念

1.2.1.1 平面构成的核心公式

平面构成可以用一个简单的公式表达：基本形＋构成法则（骨骼关系/形式美学法则）＝美的图形。

平面构成是一门研究二维空间内造型元素的课程，包括视觉特性、形与形、形与空间的相互关系、形的特性与变化。平面构成是在二维平面上进行的造型活动，它的构成元素是点、线、面，按一定的法则，用规则或不规则的方法创造出新的、美的形态，使之产生有规则的起伏、有节奏的韵律、有条理的动感，形成新颖、奇特的视觉感受，如图1-2-1所示。

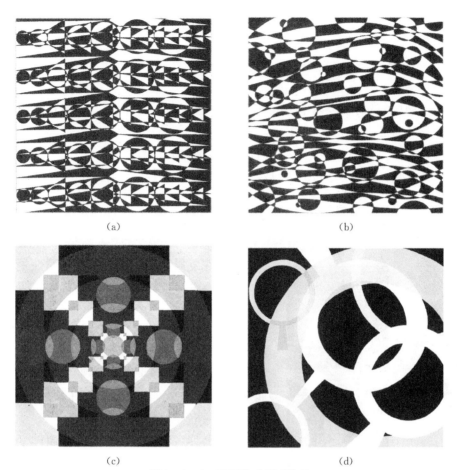

(a)   (b)

(c)   (d)

图1-2-1 平面构成系列作品

(a) 作品一；(b) 作品二；(c) 作品三；(d) 作品四

1.2.1.2 平面构成的基本材料和工具

传统平面构成作品的完成主要借助笔和纸。

（1）笔类。

平面构成用笔可分为三大类，用于打底稿的铅笔类、用于涂色块与勾线的毛笔类以及用于勾画细线和小点的针管笔。

（2）纸张。

平面构成用纸可分为白卡纸、绘图纸、素描纸三种类型。

（3）颜料。

建筑设计技术专业涉及的平面构成训练色彩一般仅限于黑、白、灰三色，可用浓缩的黑、白色水粉、碳素墨水等进行调和而成。

（4）辅助工具和材料。

直尺、圆规、三角板、双面胶、橡皮、美工刀、剪刀以及为表现肌理效果所用的各种材料。

现代平面构成作品的创作可以借助电脑，通过各种不同的绘图软件进行绘制与加工，具有便捷、易于修改与保存等特点，可以更有效地实现构思、表达想法。

1.2.2 平面构成的基本形

1.2.2.1 基本形的概念与特征

1)分类

现代平面构成的基本形主要包括抽象和具象的各种形式,但是与建筑相关的平面构成基本形主要是几何形。

(1)抽象的形。抽象的形可分为几何形、有机形和偶然形三种。

(2)具象的形。具象的形可分为自然形和人为形两种。

2)属性

与建筑相关的基本形具有以下几个方面属性:

(1)概念属性。基本形的概念属性是指高度概念化与抽象化的基本要素——点、线、面。

图1-2-2 基本形的正负属性

(2)视觉属性。基本形的视觉属性是指形的大小、形状(圆形、三角形、矩形等)、色彩、肌理、位置、方向等。

(3)正负属性。任何"形"都是由图与底两部分组成的,要使形被感知存在,必然要有底将其衬托出来,画面中成为视觉主题的叫图,其周围虚空的部分叫底。平面构成的基本形与底具有正负关系,能够进行图底转换,如图1-2-2所示。

(4)转换属性。基本形的转化属性是指平面构成的基本形态要素点、线、面之间可以相互转化,如图1-2-3所示。

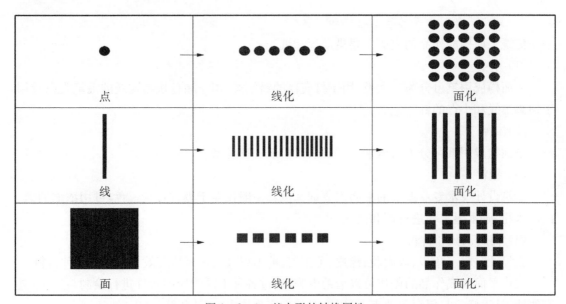

图1-2-3 基本形的转换属性

1.2.2.2　基本形的关系

1) 基本形的相互关系

两个基本形之间有三大类关系:分离、第三方连接、相交。分离是指形与形之间不接触,有一定距离。第三方连接是指形与形通过第三种不同的形相连接。其中相交的关系最为复杂,根据相交的不同情况又可以分为 7 种,如图 1-2-4 所示。

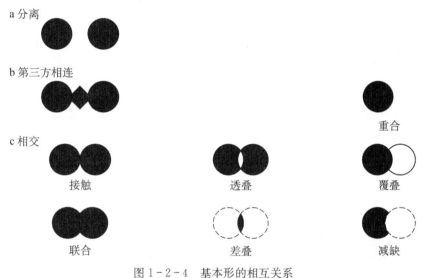

图 1-2-4　基本形的相互关系

(1) 接触。接触是指形与形在互相靠近的情况下,边缘发生接触,正好相切。

(2) 联合。联合是指形与形互相交叠而无前后之分,可以相互结合成为较大的新形状。

(3) 覆叠。覆叠是指形与形靠近时,比接触更近一步,由此产生上下、前后的空间关系。

(4) 透叠。透叠是指形与形交叠时,交叠部分产生透明感觉,形象前后之分并不明显,不产生上下、前后的空间关系。

(5) 差叠。差叠是指形与形交叠部分产生出一个新的形,其他不交叠的部分消失不见。

(6) 减缺。减缺是指形与形覆叠时,形被覆盖的地方被减掉。

(7) 重合。重合是指形与形完全重合,变为一体,也称为重叠。

2) 基本形的群化关系

群化是基本形重复构成的一种特殊表现形式,它不像一般重复构成那样在上、下或左、右连续发展,而是具有独立存在的特质。群化以一个图形为单位,把每个单位按照形与形之间的关系原则再组合,通常有两个以上基本形集中排列在一起并相互发生联系时才构成群化。基本形的特征必须具有共同元素产生同一性而形成群化,如图 1-2-5 所示。

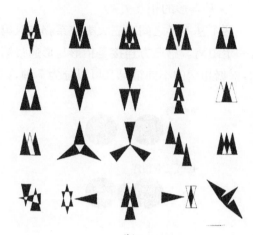

| (a) | (b) |

图 1-2-5　基本形的群化关系

(a) 群化关系一；(b) 群化关系二

图 1-2-6　综合运用案例

3) 基本形的综合运用

点、线、面是平面构成最基本的三大要素。这三种最基本形态的相互结合与作用可以形成多种表现形式。点、线、面的表现力极为丰富，既可以表现抽象，也可以表现具象的各种形态。以图 1-2-6 为例着重介绍一下综合运用点线面的案例分析。

(1) 案例分析。

基本类型：线、面构成。

基本单元：圆形、矩形。

基本方法：形的分割与叠加。

(2) 案例步骤。

步骤 1：圆形与扭转的矩形骨架。

步骤 2：圆形的分割、位移。

步骤 3：矩形的分隔、位移。

步骤 4：面的线化处理。

将圆形和矩形按照 45°和 135°方向进行交叉分割，并按照一定规律进行位移，然后将两者分割后形成的子形进行叠加，注意两者之间的大小及疏密对比，使整个图形表现出明显的韵律感。同时，分割后的圆形虽然有位移，但基本上保持了圆形的特点，从而形成图面统一的效果，稍显无序的几块矩形也因此有所归依，如图 1-2-7 所示。

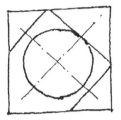
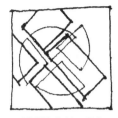

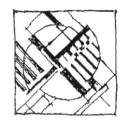

圆形与扭转的矩形骨架　　　矩形的分割、移位　　　　圆形的分割、移位　　　　面的线化处理

图1-2-7　综合运用案例步骤

1.2.3　平面构成的构成法则

1.2.3.1　基本骨格关系

基本骨格关系是指通过骨骼线给基本形以一定的空间和位置,控制基本形的彼此关系,支配图形构成的顺序,形成一定美感的方法。控制基本形的骨骼线,主要有水平和垂直两个方向。骨骼线在水平与垂直两个方向上可以均匀排列,也可以在其阔窄、方向或线质上加以变化,得出各种不同的骨格排列形状。基本形控制在骨骼线内,在固定的空间中可以根据整体形象的需要旋转、调整与变化,超出骨骼线的部分需要去掉。基本形依照基本骨格线排列变化,产生强烈的秩序感,骨骼线在形象完成后可选择擦去或者保留。

基本骨格关系主要有重复、渐变、发射和特异等几种基本类型,如图1-2-8所示。这些基本类型组成方法可以通过图示语言进行图解分析,如图1-2-9所示。

(a)　　　　　　　　　　(b)　　　　　　　　　　(c)

(d)　　　　　　　　　　(e)　　　　　　　　　　(f)

图1-2-8　基本骨骼关系

(a)重复;(b)渐变;(c)发射;(d)特异;(e)近似;(f)积聚

图 1-2-9　基本骨骼关系图解分析

1) 重复

平面构成中的重复是指在一个画面中使用一个形象或两个以上相同的基本形进行平均的、有规律的排列组合。可利用相同重复骨格进行形象、方向、位置、色彩、大小的重复构成。

(1) 骨骼线。重复的骨骼线表现为水平方向与垂直方向上成等比例的重复。

(2) 基本形。重复的基本形可采用抽象形、几何形或组合基本形等。基本形可以在骨格内重复排列,或者在位置、方向、图底关系上进行排列、变动,基本形超出骨格的部分必须切除。

2) 渐变

平面构成中的渐变是指基本形或骨格逐渐地、规律性地、循序地无限变化。在渐变构成中,基本形或骨格线的变化,要注意节奏的连续性、循序感,其节奏与韵律感的好坏是至关重要的。变化如果太快就会失去连贯性,循序感就会消失;变化如果太慢,则又会产生重复感,缺少空间透视效果。

(1) 骨骼线。渐变的骨骼线在水平线与垂直线的宽窄、方向上呈现出逐渐、规律性的渐变。

(2) 基本形。渐变的基本形依据骨骼线的变化在形状、位置、方向、色彩上相应变化。

3) 发射

平面构成中的发射是骨格单位环绕一个共同的中心点向四周重复,具有特殊的视觉效果。

(1) 骨骼线。发射的骨骼线包括发射点和有方向性的发射线。根据骨格线的形状、方向和放射点的位置,发射分为向心式、离心式和同心式三种类型。

向心式,骨格线来自各个方向向中心迫近。

离心式,发射的骨格线都由中心向外发射。

同心式,围绕着发射中心以同心圆的形式一层一层向外扩展。同心式的变化很多,有多圆中心、螺旋形等。

（2）基本形。发射由于发射中心与骨骼线在方向的变化构成不同的图形,造成光学的动感和强烈的视觉效果,具有多方的对称性。发射的基本形在形状、位置、方向、色彩上相应发射渐变。

4）特异

特异是指规律的突破,在规律中突出个别的要素而引人注目。这种规律指的就是重复、近似、渐变、发射。要产生特异现象,必须要有大多数、大面积的规律和次序的关系,这样才能衬托出少数部分的特异。若想打破设计中单调规律的画面,可采用特异的方法。特异具有比较性。特异部分不应数量过多,最好选择放在画面中比较显著的位置,形成视觉的焦点,打破单调格局,使人惊奇。

（1）骨骼线。特异的骨骼线是指在重复、渐变、发射等形式规律作出突然改变而形成的特异。

（2）基本形。任何元素皆可做特异处理,如大小的特异,方向的特异,形状的特异,色彩的特异,位置特异,肌理特异等。

5）其他关系

其他关系包括近似和积聚等。

近似是指一种基本形同中有异、异中有同的现象,是重复的轻度变化,具有一定的规律性。近似与非近似是相对而言,通过比较得出的。

积聚也可以称为密集,是指基本形不受严格的骨骼限制,而作比较自由的组合,有时趋向于点,有时趋向于线,这样就构成了密集或积聚的形式。

1.2.3.2　形式美学法则

在西方自古希腊时代就有一些学者与艺术家提出了美的形式法则的理论,时至今日,形式美法则已经成为现代设计的理论基础知识。

1）多样统一

统一中求变化,对比中求统一。变化体现了各种事物的千差万别,统一则体现了各种事物的共性和整体联系。多样统一反映了客观事物本身的特点,即对立统一规律。如图1-2-10中所示范的一组热带鱼,它们同属于某一类品种,但是因为单个的大小、形状、位置的差异而形成了多样统一性。

2）平衡

平衡分为造型和视觉上的平衡。根据图像的形状、大小、多少、轻重、明暗、色彩及材质的粗细分布作用于视觉判断的平衡。平衡也可分为绝对平衡与相对平衡两种类型,如图1-2-11(a)和(b)所示。

图1-2-10　多样统一

(a)　　　　　　　　　　　　　　　　　　(b)

图1-2-11　平　衡

(a) 平衡一；(b) 平衡二

3) 对比

对比是指由大小、强弱等互为相反的东西放置在一起形成的效果。构成的要素越多,对比的类型也越多,如图1-2-12所示。

4) 对称

对称分为以对称轴为基线的左右对称、上下对称与点对称几种类型,如图1-2-13所示。

5) 节奏

形体按照一定的方式重复运用,如重复、渐变、韵律(按一定规则变化的节奏)等,如图1-2-14所示。

图1-2-12　对比　　　　　　　　　　　　图1-2-13　对称

（a）　　　　　　　　　　　　　　　　　　　　（b）

图1-2-14　节　奏

（a）节奏一；（b）节奏二

6）比例与分割

比例是部分与部分或部分与全体之间的数量关系。人们在长期的生产实践和生活活动中，以人体自身的尺度为中心，根据自身活动的方便总结出各种尺度标准，体现于衣食住行的器用和工具的制造中。恰当的比例有一种谐调的美感，成为形式美法则的重要内容。美的比例是平面构图中一切视觉单位的大小，以及各单位间编排组合的重要因素，如图1-2-15所示。

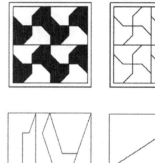

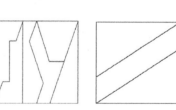

图1-2-15　比例与分割

分割是指原形按照一定法则进行分割产生子形，子形重新组合后形成新形。分割包括等形分割、等量分割、比例（黄金）分割以及自由分割几类。

（1）等形：分割后的子形相同。

（2）等量：分割后的子形体量大致相同，形状不同。

（3）比例（黄金）分割：形体之间按照数学比例概念进行相对比较，黄金分割比早在古希腊时期就已被发现，目前世界公认的黄金分割比是1∶1.618，这也正是人眼的高宽视域之比。

（4）自由分割：子形相对自由，注重子形与原形的关系。

1.3 立体构成的相关内容

1.3.1 平立关系

1.3.1.1 平立不同

1) 维度不同

平面构成是在二维平面里的造型活动,它所产生的效果只是平面的图案。而立体构成是在三维空间的造型活动,在三度空间中把具有三维的形态要素,按照形式美的构成原理进行造型的过程。立体构成研究的对象主要是三度空间和三维物质材料。通过材料在三度空间的构成训练理解造型原理,探索造型规律,掌握造型方法,如图1-3-1所示。

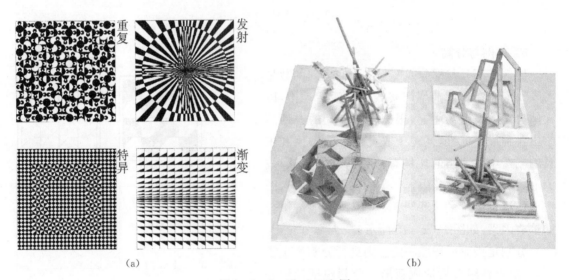

图 1-3-1 平 立 不 同

(a) 平面构成;(b) 立体构成

(1) 平面构成(二维)。

基本形(点、线、面)+构成法则=美的图形。

(2) 立体构成(三维)。

材料(点、线材、面材、块材)+制作方法(构成法则、构造做法)=空间形态。

2) 空间形态不同

二维的平面构成创造出的空间形态,是利用图形之间排列错位的技巧产生了人的视错觉而构成空间平面;三维的立体构成所创造的三维空间,是通过物体长度、宽度、高度的变化组合,表达的立体是一个真实的空间展现。

3）材料和制造方法不同

二维的平面构成运用的是传统的纸、笔介质；三维的立体构成用的是各种材料。材料决定节点的构造、制作、加工方法；不同材料有不同的视觉心理感受和不同的制作方法；

1.3.1.2　半立体构成

半立体构成是由二维平面形象向三维立体形态过度的基础，是在各种平面材料上进行立体加工，形成具有浮雕效果的立体形态。半立体构型的三维空间形态是通过二维平面形态进行变化得到的，没有多的要素额外产生，又称之为基于平面形态的空间生成。

1）概念

一个平面，经过造型构思进行切割、折叠和穿插，使之达成浮雕或立体形态效果，如图1-3-2所示。

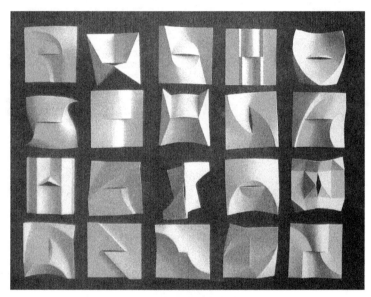

图1-3-2　半立体构成概念

2）特征

半立体构型可以恢复为一个平面。该立体具有阳形和阴形两方面重要的美学要素。阳性是指浮形，向上折起的形；阴性是指底形，被挖除的形，如图1-3-3所示。

3）手段

在用平面构成为底进行立体构型之前，首先将分割不同形状和不同大小的面和线的造型设计出来，然后通过弯折、曲压、叠插、交接加工变形等方法改变平面与立体的关系，构成一个创新的空间，如图1-3-4所示。

4）案例

（1）优秀案例（见图1-3-5半立体构成优秀案例）。

（2）反面案例（见图1-3-6半立体构成反面案例）。

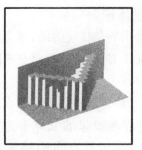

图 1 - 3 - 3　半立体构成特征

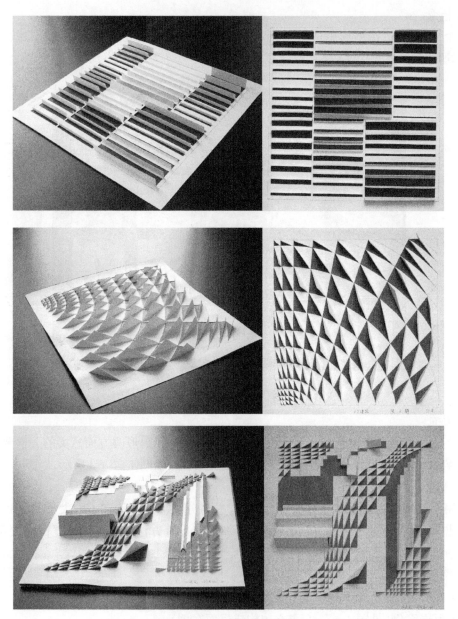

图 1 - 3 - 4　半立体构成手段

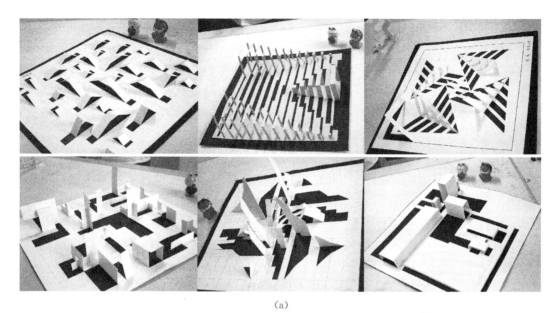

(a)

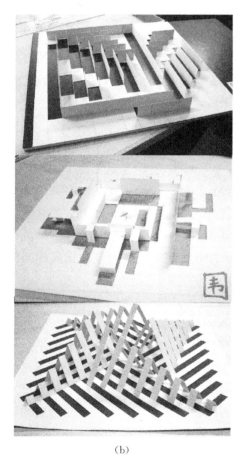

(b)

(c)

图 1-3-5 半立体构成优秀案例

(a) 优秀案例一；(b) 优秀案例二；(c) 优秀案例三

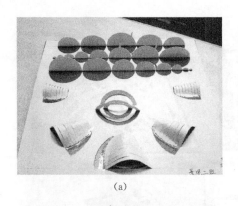

(a)

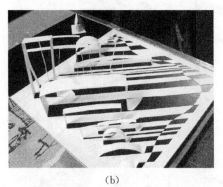

(b)

(c)

图1-3-6　半立体构成反面案例

(a)反面案例一；(b)反面案例二；
(c)反面案例三

反面案例点评：

图1-3-6(a)中的两组基本形所形成的形态及构成法则缺乏联系。一组是半圆面，呈现渐变的交替变化；一组是圆环，呈现放射状变化；

图1-3-6(b)中的两组基本形所形成的形态矩形和弧形缺乏主次，粗细变化过于凌乱的矩形没能和弧线形成相应的对比。

图1-3-6(c)中的出现过多的基本形：三角形、1/4圆、1/2圆环、半圆、矩形，显得杂乱无章。

1.3.1.3　平立转换

（1）平立转化的概念与特征。

平立转化的概念简单地说可以用一个公式来表达：三维＝二维＋第三维向度。

任何一个立体的投影，都是平面图。一个立体形态在某一个方向可以投影形成一个平面的造型。最基本的三维立体造型，都可以从一个平面的造型形态演变而来的。同一投影图，可以生成无数不同的立体和空间形态。最基本的立体形态，可以通过相加、重叠、相减等各种手段，形成无数个形态各异的造型。

（2）平立转化的方法与步骤。

在进行平立转化前，首先要明确平面构成中哪些两维的基本形需要立起来，特别是对于几个基本形相交在一起的复杂情况，哪一部分或哪些部分需要立起来更需要清楚；然后要考虑立成什么样的三维基本形，用什么材料成型，如何处理第三维向度，立体成型后的三维形和形之间是否也存在与平面构成相似的构成法则；

如图1-3-7所示，同样两张二维平面构成作品进行平立转化，不同构思形成的立体构型如此不同。以其中一张蒙特利安平面图为例，这张著名的平面构成作品由线、面构成，基本形线和矩形面之间的关系相对简单：水平、垂直方向的不规则排列的线条形成一个网状，其间不规则地点缀着几个颜色鲜亮的面。以这张平面构成作为投影图，可以发现用钢丝为线材弯折形成的高低不同穿插的网状和用卡纸为线材弯曲形成的弧形网状如此不同。而基本形矩形面立体化的方法就更加丰富了：一个依然保持着二维面的特征，将其第三维向度用钢丝线材支撑起来；一个则选取用卡纸做出顶端略呈弧形的立方体。

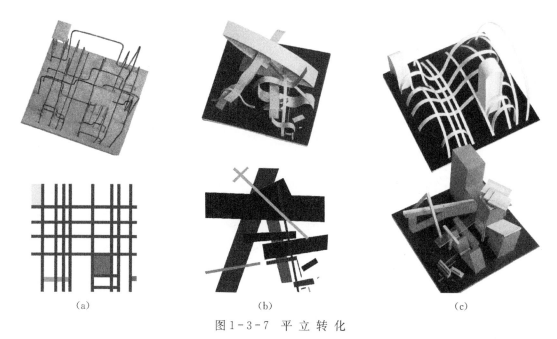

(a)　　　　　　　　　　(b)　　　　　　　　　　(c)

图1-3-7 平立转化

(a) 平立转化作品一；(b) 平立转化作品二；(c) 平立转化作品三

1.3.2 立体构成的基本形

1.3.2.1 基本形的概念和特征

1) 属性

(1) 立体构成基本形的几何属性。立体构成的基本形因为是三维的,所以具备都是几何体的属性,而非二维的几何形,如图1-3-8所示。

图1-3-8 基本形的几何属性

(2) 立体构成基本形的材料属性。比起平面构成基本形的点、线、面,立体构成基本形几何体都需要用具体材料(木材、石材、金属等)进行制作,故称之为块材、线材、面材。

2) 特征

(1) 材料的不同制作方法。不同的材料有不同的制作方法,比如块材类适合切割,面材料适合折叠或粘接,线材类适合弯曲、缠绕等。在选择材料时一定要考虑材料的制作工艺和制作效果是否能够达到预期目标。

(2) 材料给人的不同心理感受。正如钢铁给人以冰冷,木材给人以温暖,丝绸给人以光滑一样的感觉,不同材料、质感和肌理效果给人的心理感受也是不同。一般来说,块材给人以重量感和体量感;线材起的是结构性和支撑感;面材在形状、大小方面则比线材更具有明确的空间占有感,如图1-3-9所示。

材料形状	心理特性	比喻
块材	体量感和结实感	肉
线材	运动感和伸张感	骨骼
面材	正面是扩展的充实感 侧面是轻快的运动感	皮

图1-3-9　材料给人的心理感受

1.3.2.2　基本形的关系

(1) 基本形的相互转化。立体构成的基本形相互关系非常紧密,块材、线材、面材都可以通过线化、面化、体化进行相互转化,如图1-3-10所示。

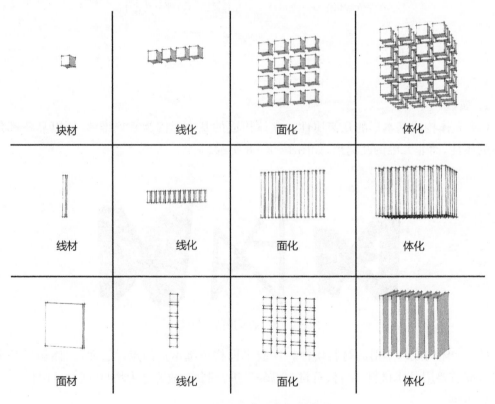

图1-3-10　基本形的相互关系

(2) 基本形的比例。比例的不同可以造成块材、线材、面材的相互转化。立体构成基本形(块材、线材、面材)的形状正是由其比例关系决定的,如图1-3-11所示。

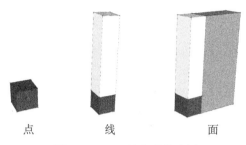

| 点 | 线 | 面 |

图1-3-11 基本形的比例

（3）基本形的虚实关系。

立体构成基本形之间的相互转化，实际上也是虚实关系的转化。图1-3-11中的三个基本形投影都是正方形，但是第三维度分别处理成实体、框架、线条，视觉效果因此也大不相同。在立体造型时，应该充分利用基本形之间的相互转化关系，使作品营造得更加丰富生动，如图1-3-12所示。

图1-3-12 基本形的虚实关系

1.3.3 立体构成的构成法则

立体构成的构成法则可以用一个公式简单表示：构成法则＝基本造型方法＋形式美学法则

1.3.3.1 基本造型方法

1）单个基本单元造型法

（1）变形法。

变形法是指单个基本单元形（块材、线材、面材）通过扭曲、挤压、拉伸、膨胀等方法形成的新形，如图1-3-13所示。

（2）分割法。

分割法是指对单个基本单元形进行分割处理产生的子形，子形通过减缺、穿孔、消减、移位、错落等操作重新组合形成新形。单纯分割又可以分为等形或等量分割、按比例分割以及自由分割，如图1-3-14所示。

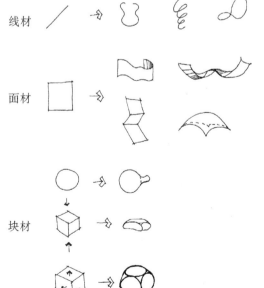

图1-3-13 变形法

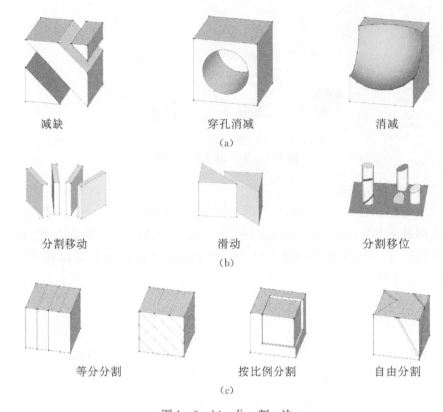

| 减缺 | 穿孔消减 | 消减 |
(a)

| 分割移动 | 滑动 | 分割移位 |
(b)

| 等分分割 | 按比例分割 | 自由分割 |
(c)

图 1-3-14　分　割　法

(a)分割法一；(b)分割法二；(c)分割法三

2) 多个基本单元造型法

多个基本单元形按照一定的结构方式重复运用而形成新形的造型法,称为单元法。单元法按照结构方式有无规律可循分为骨架法和聚集法两种类型。

(1)骨架法。形的基本单元按骨骼所限定的方式组织起来形成新形的方法称为骨架法。骨架法分为平面网格式和空间网格式,多个基本单元形在其中按照一定骨骼关系(重复、渐变、近似)进行变化,如图 1-3-15 所示。

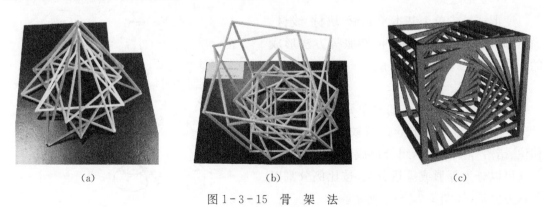

| (a) | (b) | (c) |

图 1-3-15　骨　架　法

(a)骨架法案例一；(b)骨架法案例二；(c)骨架法案例三

（2）聚集法。聚集法无明显的结构方式和规律可循。但是以聚集法进行造型时，多个基本单元按照一定骨骼关系（重复、渐变、近似）进行变化，如图1-3-16所示。

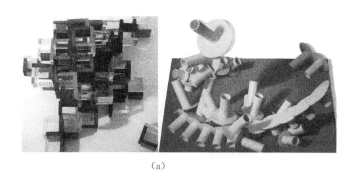
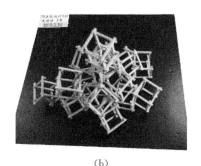

（a）　　　　　　　　　　　　（b）

图1-3-16　聚　集　法

（a）聚集法案例一；（b）聚集法案例二

1.3.3.2　形式美学法则

1）简练与单纯性

越是简单的东西越容易被记忆和集中视觉效果。简单的基本形经过简单的重复和略作变化，也一样可以变得生动有趣，让人印象深刻，如图1-3-17所示。

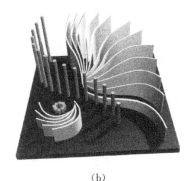

（a）　　　　　　　　　　　　（b）

图1-3-17　简单的基本形

（a）简单基本形一；（b）简单基本形二

2）多样统一

相同性质、不同元素的一组或几组形体有规则、有秩序的连续反复出现，会加深视觉形象，而适度的差异变化又可以减弱视觉疲劳，完成动静结合。如图1-3-18所示，两个立体构成作品，一个采用的基本形是两组相同性质，但是大小、数量、位置摆放形成了明显差异的弧形面材；另一个虽然采用两组性质完全不同要素——弧形面材和线材，但是渐变的弧形面材占主导地位，线材通过面化处理和弧形布局，使得整体保持既丰富又统一的效果。

3）对称与平衡

对称与平衡是一个静中有动的空间表现手段，强调的是视觉中心的稳定，而不是两边力

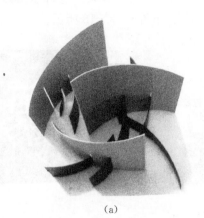
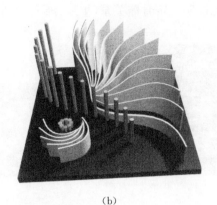

(a) (b)

图1-3-18 多样统一

(a) 多样统一作品一;(b) 多样统一作品二

量的绝对等同。

(1)平衡。平衡可分为物理平衡与心理平衡,心理上的平衡并非绝对的物理平衡,如图1-3-19所示。平衡也可分为稳定平衡、不稳定平衡和随遇平衡三种。稳定平衡是指移动后又恢复其原来的倾向,如不倒翁。不稳定平衡是指受外力作用立即倾倒,如单脚站立。随遇平衡是指不管如何施力,重心在一定位置上不变,如球。

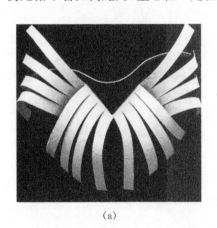
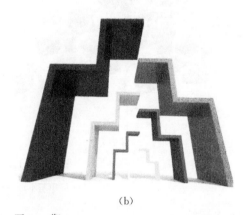

(a) (b)

图1-3-19 平 衡

(a) 平衡作品一;(b) 平衡作品二

(2)对称。对称是一种固定形式的均衡。对称可以分为左右轴对称、中心对称、平移对称、旋转对称等,如图1-3-20所示。

4)比例

比例是指部分与部分,部分与全体的比数的研究。无论是平面构成还是立体构成,当其中某种比例关系符合一定的规律,就会给人带来美和具有内在的生命力的感受。

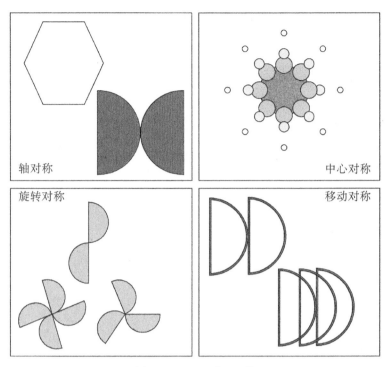

图1-3-20 对 称

5）主次与对比

"红花还要绿叶配"其实就是指因对比而产生的美，在立体构成中，也需要有主有次，这样才能突出重点，如图1-3-21所示。

6）节奏与韵律

立体构成的节奏表现为形态、色彩、肌理等造型元素既连续又有规律、有秩序的变化。它能引导人的视觉运动方向，控制视觉感受的规律变化，给人的心理造成一定的节奏感受，并使人产生一定的情感活动。韵律本质是反复，对于造型来说，由造型要素的反复出现而表现韵律是表达动态感觉的造型方法之一，如图1-3-22所示。

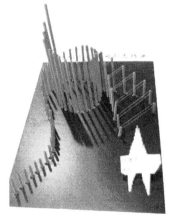

图1-3-21 主次与对比

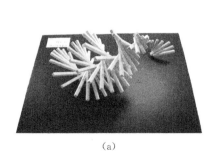

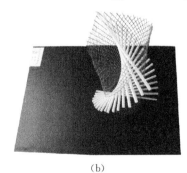

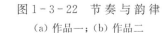

（a） （b）

图1-3-22 节奏与韵律

（a）作品一；（b）作品二

单元作业

1. 作业内容

运用形态构成原理完成1组(4个)空间与形态作业的其中2个立体构成。作业名称:空间与形态作业。

2. 作业要求

1) 底板要求

(1) 黑色 KT 板(500×3 600)。

(2) 标注作业名称、班级、姓名、学号;字体样式、大小自定。

(3) 1组(4个)150×150 小底板。

2) 限定要求

(1) 材料、手法不限。

(2) 尺寸不大于 150 立方的 2 个立体形态。

第2单元 空间基础

 单元课题概况

单元课题时间:本课题共6课时。

课题教学要求:

(1) 了解形态构成中空间与形态的相互关系。

(2) 掌握空间组合与限定的基本手法。

课题训练目的:

(1) 训练学生初步体验空间与形态,认识到运用构成手法创造空间形态的无限可能性。

(2) 培养对空间美的感受和把握能力,为建筑形态构成的学习奠定基础。

课题作业要求:空间与形态(二)

2.1　形态构成中的空间概念

2.1.1　自然的空间

在宇宙自然界中,空间是无限的。在我们日常生活中,人们常运用各种各样的方法来获取和营造空间。例如男女两人在雨中同行时,由于撑开雨伞,一下子在伞下产生了卿卿我我的两人天地,收拢雨伞,只有两个人的空间就消失了。有时去野餐,在田野上铺上毯子。由于在那里铺了毯子,一下子就产生出从自然当中划分出来的一家团圆的场地。收掉毯子,又恢复成原来的田野。再如,由于户外演讲人周围集合的群众,产生了一个以演讲人为中心的紧张空间,演讲结束群众散去,这个紧张空间就消失了,如图2-1-1所示。

2.1.2　形态构成中的空间

实现空间造型的基础在于建立起"形体"与"空间"两个概念。空间和形体是互为表现的,形体出现了以后不仅占据了空间,同时也在形体的内部和周围限定出了形的空间。相对实体,空间就是容积。

人们对空间的感受是借助实体而得到的,根据可知觉、直观化的实际材料等。实体材料的大小、长度、形状、色彩、肌理等都对空间的感受起到直接影响。

一把伞给他们带来了一个暂时的
空间，使他们感到与外界的隔绝……

一块毛毯，可以使
全家人感到有了自己的
小天地……

观众为讲演者围合了一
个使他兴奋的空间，当然，
人散了，这个空间也就消失
了……

阳光下的一面墙，把空间分为
向阳和背阴两部分，它们会给人不
同的感受……

图 2-1-1 自然中的空间获取

在空间与形态构成作业的空间构型中，形态构成的基本形（线材、面材、块材），根据一定的构成法则形成了一定的形体，同时也形成了"空间"，这种空间不是形态构成中构件之间的空隙，而是构件限定的空间，如图 2-1-2 所示。

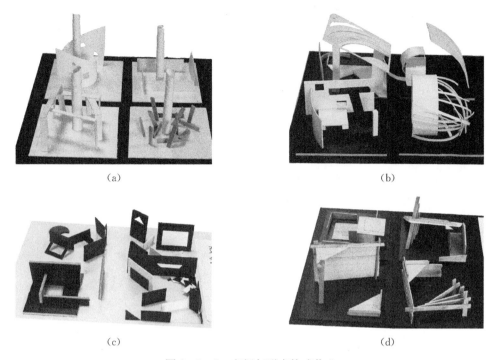

图 2-1-2 空间与形态构成作业

(a)作业一；(b)作业二；(c)作业三；(d)作业四

2.2　形态构成中的空间限定

2.2.1　空间限定的概念

空间限定是运用基本形(块材、线材、面材)通过围合、设立、架起、覆盖、凹入、凸起、肌理变化等手段所获得的空间,如图 2-2-1 所示。同样是块材、线材、面材等基本形的运用,立体构成强调的是明确的形态感,空的不过是形态构成中构件之间的空隙,而空间限定强调的是虚空的空间感,形态只是为了营造空间的手段。

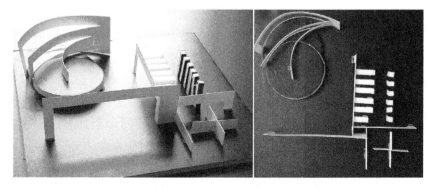

图 2-2-1　空间限定

2.2.2 空间限定类型和手法

2.2.2.1 垂直限定

垂直方向上的限定分为围合与设立,如图2-2-2所示。

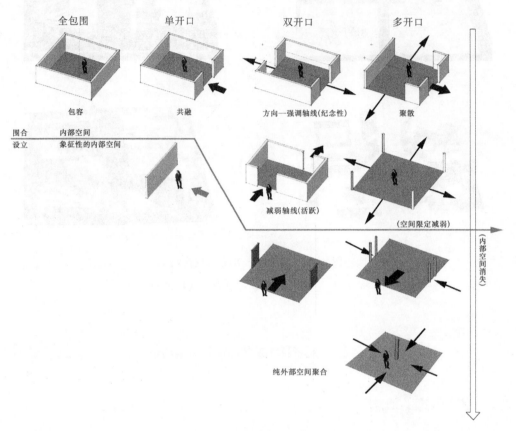

图2-2-2 垂直限定——围合、设立

1) 围合

围合是空间限定最典型的形式,围合形成的空间能产生内外之分。一般来讲内部空间是功能性的,可以用来满足使用需求。围合形成的空间根据围合的程度和方式不同,形成空间的形态特征与感觉也不同,围合的形式千变万化,形成的空间也各种各样。

全包围状态所限定的空间比较封闭,具有强烈的包容感和居中感,空间私密性强。当空间尺度很大的时候,全包围状态由其内向性创造了纪念性。当包围状态开口较大时,开口处形成一个虚面,在虚面处产生内外空间的交流和共融的趋势,这种形态力的冲突造成向内部空间强烈的吸引。双向口状态则形成方向,产生轴线,空间形态指引性强,若形态操作进一步强调轴线方向,形态的纪念性更加增强。多开口状态的空间形态具有强烈的内外空间渗透感,形态对外部空间具有较强的聚合力,随着开口越多,这种聚合力越强,但对内部的限定度则越弱。当内部空间逐渐缩小到极端时,内部空间只具有象征性意义,其对空间的限定范围则转到实体形态的外部,变成设立。

2) 设立

设立是把物体(垂直线要素、面材)设于空间中,指明空间中某一场所从而限定其周围的局部空间,这种空间限定形式称之为"设立"。设立是空间限定中最简单的形式。它仅是视觉心理上的限定,不能划分出某种具体的空间,提供明确的形状和度量,而是依靠实体形态的力、能、势获得对空间的占有,从而对周围空间形成一种聚合力。与其他空间限定形式相比较,在设立中的实体形态有较强的积极性,实体形态的形状、大小、色彩、肌理等所显示的重量感、充实感及运动感都将影响到设立所限定空间的范围。

因为聚合力是设立的主要特征,因此设立往往是一种中心限定,但这种中心限定不同于围合所形成的"中心限定作用",空间具有一定的向心性,是吸引视线的焦点。设立虽然对空间做出一定的中心限定,但领域感不强,封闭感很弱。当形成设立的立体形态取一种横向延伸的趋势时,这种聚合力也会顺着这种趋势产生导向作用。

2.2.2.2　水平限定

水平方向上的限定有架起、覆盖、凹入(下陷)、凸起(抬起)、肌理变化等几种形式,如图2-2-3所示。

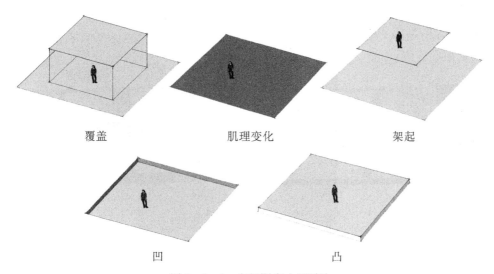

覆盖　　　　　　　　肌理变化　　　　　　　　架起

凹　　　　　　　　　凸

图2-2-3　空间限定水平手法

1) 凸起(抬起)

凸起(抬起)是将部分底面凸起于周围空间,是一种具体而常用的限定,限定范围明确肯定。凸起的空间形式具有展示、突出、强调等特性,可以限制人的活动,用在限制进入的空间。当凸起的次数增多重复形成台阶形态时,凸起对空间的限定作用反而相对减弱。

2) 凹入(下陷)

凹入的空间形式与凸起相反,性质和作用相似,被限定的空间情态特征不同,凸起的空间明朗活跃,凹进的空间含蓄安定,具有收纳、吸引、汇集等特性,用在吸引人参与的空间。

3) 肌理变化

材料色彩肌理的变化,不仅仅是装饰和美化,也是形态操作中限定空间的素材。但是利用肌理变化来限定空间,其空间限定的作用最弱,几乎没有实用的界定功能,仅能起到抽象限定的提示作用,需要依靠人的理性完成,往往用在不阻挡人的活动,仅作提示性或装饰性的空间。

4) 覆盖

覆盖是由上方支起一个顶盖使下部空间具有明显的使用价值,从使用的角度衡量,覆盖所限定的空间是明确可界定的。架起、覆盖形成的空间形式有遮蔽效果,让人有安全感和隐蔽性。同一个水平面,架起是人在面上,覆盖是人在面下。

5) 架起

架起同样是把被限定的空间凸起于周围空间,不同的是在架起空间的下部包含有从属的附空间。相对于下部的副空间,被架起的空间限定范围明确肯定。在架起的操作中,实体形态与空间形态应注意相互的共融与联结关系。

2.2.2.3 综合限定

在空间限定中,可以综合运用多种手法进行限定。

1) 综合限定的多种手法运用

在空间的限定中面材作用最强,在空间限定综合手法运用中,常常将线材和块材组合成虚面来进行限定。不同手法限定的空间形态之间也可以产生各种不同形式的关系,创造出不同的空间层次,如图2-2-4所示。

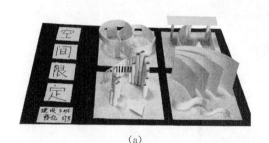

(a) （b)

图2-2-4 空间限定综合运用

(a) 空间限定一；(b) 空间限定二

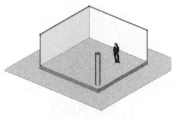

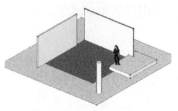

图2-2-5 空间限定的层次

2) 空间层次的营造

空间的层次是指经过多次限定的空间,每个空间都是从上一个层次的空间中被限定出来的,经过多次反复而形成的一组空间,即空间中的空间。有时候,多种限定手法未必限定出多层次空间,如图2-2-5所示,第一个空间限定案例中,虽然运用了凸起、设立、围合几种限定手法,但只限定了一个空间层次。而第二个空间限定案例,同样运用了上述三种限定手法,由于三次限定手法的空间边界并没有重合,因而限定出来空间具有层次感。多次限定要体现出不同层次的功能关系之间的组合要求。不管如何限定,最后一次限定的空间往往是最为主要的空间,其余层次则是从属空间,因此在进行空间层次操作时,应在注意形成协调统一的整体关系基础之上,通过强化限定空间的高度、边界等的不一样来把位置居中、高潮所在的空间营造为主空间。

　　空间限定中人的视线与所限定空间的连续程度决定了所限定空间的性格特征。当空间限定凹进与凸起部分不很明显,人与周围空间能保持视觉的连续性,空间限定的部分仍为周围空间的一部分,几乎没有什么私密性;随着空间限定凹进与凸起部分的逐渐加深,人与周围空间的视觉连续性被削弱,空间连续性中断,空间限定部分增强其分割的作用;当空间限定凹进与凸起的部分加深到人视觉与空间的连续性都被中断,空间限定的部分就区别于周围空间成为独立的不同空间,凹进的部分暗示着空间的内向性,凸起的部分表现出外向性,如图 2-2-6 所示。

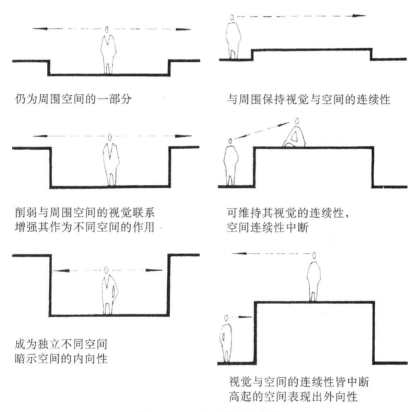

图 2-2-6　空间限定与视线

2.2.3　影响空间限定的因素

2.2.3.1　构型要素的形式

　　构型要素可分为形状、大小、色彩、肌理等形式构型要素,诸如形状、大小的变化对空间限定的影响相对较强,特别是构型要素上的开洞特征(大小、数量和位置)很大程度地影响了空间的特征,如图 2-2-7 所示。构型要素形式诸如色彩、肌理的变化对空间限定的影响相对较弱,仅增加空间的可识别性、提示性或装饰性效果,如图 2-2-8 所示。

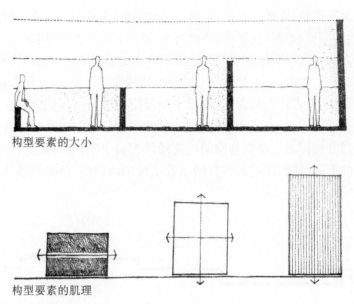

构型要素的大小

构型要素的肌理

图 2-2-7 构型要素形式

构型要素的开洞特征

图 2-2-8 构型要素上的开洞特征

2.2.3.2 构型要素的方位

构型要素根据方位的不同可分为水平方向的覆盖或承托、垂直或倾斜方向的分割或围截。水平要素所形成的空间有一定的遮蔽性,但是不影响人的视线和行动;相比水平要素,垂直要素对空间的限定作用要更强。

2.2.3.3　构型要素的相互关系

构型要素的相互关系决定了所限定空间的性格特征,这种空间的性格特征可分为显露、通透、封闭三种类型。

（1）线性垂直要素。

单独的几个线性垂直要素限定了一个空间容积的垂边,其空间特性是显露的。可以采用明确基面、增加上部边界、密化垂直要素的方法进一步加强空间容积的限定,如图 2-2-9 所示。

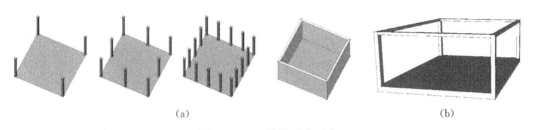

（a）　　　　　　　　　　　　　　　　　　　　（b）

图 2-2-9　线性垂直要素

（a）线性垂直要素一;（b）线性垂直要素二

（2）L 形空间区域。

L 形面所产生的空间区域内角处呈内向性,外缘是模糊和外向的。通过附加的垂直要素、基面或顶面的处理可以进一步明确限定该区域,如图 2-2-10 所示。

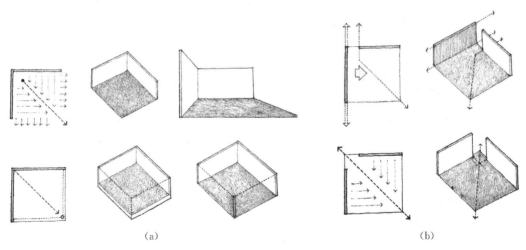

（a）　　　　　　　　　　　　　　　　　　　　（b）

图 2-2-10　L 形 面 限 定

（a）L 形面限定一;（b）L 形面限定二

（3）平行空间区域。

平行面所限定的空间区域相对外向,暗含着一种强烈的方向感。通过处理基面或增加顶面的方法可以强化这种空间的视线效果,如图 2-2-11 所示。

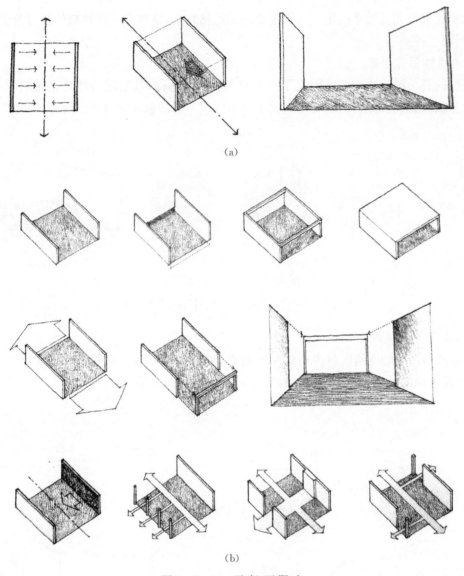

(a)

(b)

图 2-2-11 平 行 面 限 定

(a) 平行面限定一；(b) 平行面限定二

（4）U 形空间区域。

U 形面所限定的空间区域具有独特的开放端，使得该区域和相邻空间保持视觉上和空间上的连续性。开放端的造型处理可以加强该空间范围的明确性。而与开放端相对的那个面要素是整个空间三个面的关键要素，如图 2-2-12 所示。

（5）四个面围合的封闭空间。

四个面围合的封闭空间是最为典型也是限定作用最强的空间区域，其空间属性是内向性，为了在该空间获得视觉上的主导性和支配地位，其中一个围合面可以在尺寸、形式、表面处理或开洞方式等方面与其他面不同，如图 2-2-13 所示。

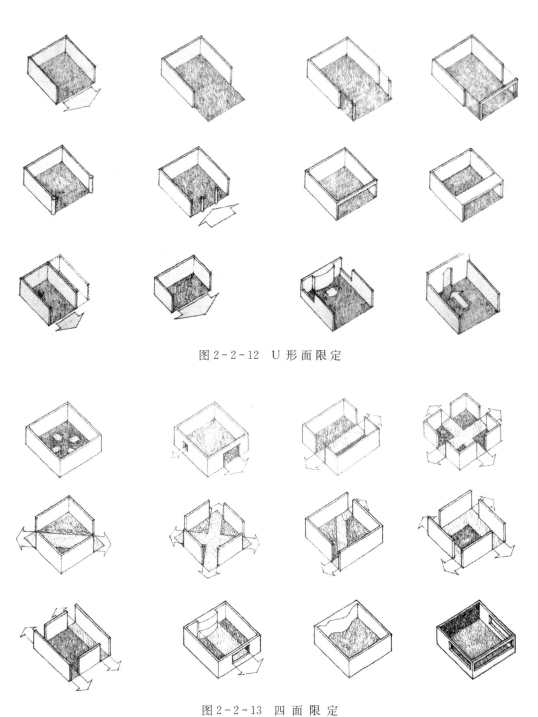

图 2-2-12 U 形面限定

图 2-2-13 四面限定

单元作业

1. 作业内容

运用形态构成原理完成 1 组(4 个)空间与形态作业的 2 个空间限定。作业名称：空间与形态作业。

2. 作业要求

1) 底板要求

(1) 黑色 KT 板(500×3 600)。

(2) 标注作业名称、班级、姓名、学号；字体样式、大小自定。

(3) 1 组(4 个)150×150 小底板。

2) 限定要求

(1) 材料、空间限定手法不限。

(2) 空间层次不少于 2 个。

(3) 尺寸不小于 150 立方米的 2 个空间限定(存在歧义)。

第二篇

建筑形态与空间分析

第3单元　建筑形态构成

 单元课题概况

单元课题时间：本课题共 4 课时。

课题教学要求：

(1) 了解建筑形态构成的相关知识。

(2) 通过案例分析学习建筑形态构成的基本原理。

(3) 熟悉建筑形态构成的基本造型手法。

(4) 掌握建筑空间形式的组织和限定原则。

课题训练目的：

(1) 将平、立构成中对点、线、面、体的训练与建筑平、立面以及形体的设计直接联系在一起。

(2) 初步体验建筑空间，培养对建筑空间美的感受和把握能力，为建筑设计奠定基础。

(3) 训练学生由简单逐步过渡到复杂的审美体验；掌握点、线、面的作用和美学的基本原则。

(4) 学会如何利用点、线、面来创造美的形态。

课题作业要求：经典建筑作品资料收集。

3.1　建筑的形态构成

3.1.1　建筑形态构成的相关概念

3.1.1.1　建筑形态构成的研究对象

建筑形态是一种人工创造的物质形态。任何复杂的建筑形态都可以分解为简单的基本形体，通过基本形体间不同组合而形成不同的造型。在建筑设计中，大至平面、体型，小至梁柱门窗、檐板、铺地、花饰、线脚等构件，都可以抽象、提炼成为高度抽象化的形体基本要素——点、线、面、体构成，作为建筑形态构成的研究对象。

3.1.1.2　建筑形态构成的研究内容

其实建筑形态的设计是伴随着功能、技术和环境设计同时进行的思考过程，是形象思维和逻辑思维的结合，建筑设计的过程就是不断解决功能、技术、环境和形式的矛盾问题。为了便于分析,我们把建筑形态同建筑的功能、技术、经济、环境等因素分开,作为纯造型现象,抽象分解为一些具有一定几何规律的形体,同时排除了实际材料在建筑色彩、肌理、质地等方面的特性,突出其视觉特性。建筑形态构成研究的内容包括平面的构思、建筑整体造型和建筑界面构成以及细部构件处理等,将其抽象分解成为构成要素,研究它们的构成手法与规律。

3.1.2 建筑形态构成的基本要素

3.1.2.1 形体基本要素——点、线、面、体量

1)点要素

(1)点要素的概念。点本身没有绝对的大小或形状,而在于大小对比关系。点要素在建筑空间里表示一个位置,在概念上是没有长度、深度和方向的。点要素在建筑形体中可以是各种形状,只要当点要素和周围的形相比,较小时就可以看成一个点。如朗香教堂立面上各种形状的窗,相比起如楼梯间、雨篷等其他部分构件,就可以看作为点元素,如图3-1-1所示。

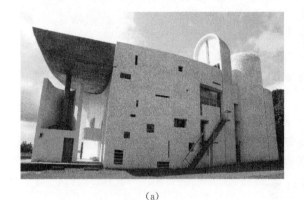

(a)   (b)

图3-1-1 朗香教堂

(a)点要素一;(b)点要素二

(2)点要素的位置。点要素一般出现在顶部、一个线要素的两端、两个线要素的交点、体块上的角点等,或者作为一个空间范围的中心,如广场平面中心的纪念碑就可以作为点要素。

(3)点要素的作用与特征。点要素最主要的的作用在于强调、确定轴线以及中心限定。作为力的中心,无论是建筑体量还是建筑空间中,点要素都具有构成重点的作用,并以场的形势控制其周围的空间。如位于法国诺曼底附近的圣米歇尔山,其山顶上的圣米歇尔教堂哥特式的尖顶高耸入云,无疑是整个山顶建筑群的制高点,如图3-1-2所示。

图3-1-2 圣米歇尔山

点要素在空间如果要明显的标出位置,必须把点投影成垂直的线要素如柱子、方尖碑或塔,所以一个柱状要素在平面上是被看作一个点,保持着点要素的视觉特征。如位于圣马可广场一角的钟楼高 98.6 米,有 500 余年的历史,楼上有一口大钟,每到规定时间就自动敲响,洪亮的钟声响彻全城。登上钟楼可以俯瞰全城,是威尼斯的地标之一,也是统帅圣马可广场的中心,如图 3-1-3 所示。

图 3-1-3　圣马可广场

　　2) 线要素

　　(1) 线要素的概念。线要素在建筑中是以其方向和方位在空间构成中起作用。

　　(2) 线要素的类型。建筑中线要素根据位置和方向可分为垂直线、水平线、曲弧线等几种类型。柱子是垂直线最常见的实例,梁或栏杆等构件则是水平线最常见的实例,而室内设计经常运用到的各种装饰线也是属于线要素的运用。

　　线要素又可分为实存线和虚存线。实存线有位置、方向和一定宽度,但以长度为主要特征,虚存线指视觉——心理意识到的线。一般实存线产生体量感,虚线产生空间感。

（3）线要素的作用与特征。线要素的主要作用体现在空间限定、空间形态、秩序建立与影响表面肌理等方面。作为空间限定的线性要素，两个线要素之间可以形成一个虚面，暗示其中穿过该虚面的一个轴线，三根以上的线要素形成一个通透的虚面或者建立起一个视觉空间框架，如图3-1-4所示。

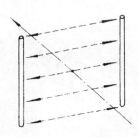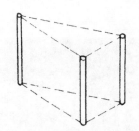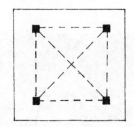

图3-1-4　线要素的空间限定

　　四个垂直线要素则限定了一个明确的空间形状，如图3-1-5、图3-1-6所示。线性要素还可以用于空间形态的创建，例如线性的建筑空间形态常用来解决与山地环境相结合的问题，或者为了营造一些特殊空间审美效果，如图3-1-7所示。线性要素秩序的建立，轴线是建筑形式与空间组合中最基本的方法之一，轴线也许是建筑空间和形式组合中最原始的方法。虽然轴线是想象的，并不能真正看见，但它却是强有力支配全局的手段，如1.9英里长的林荫大道一端是林肯纪念堂，另一端是国会山，中间是华盛顿纪念馆，形成了一条轴线关系，如图3-1-8所示。

　　线要素还可以用来进行比例分割、改变尺度，或用作装饰构件。特别是尺度较小的线要素运用可以影响到建筑的表面质感。

　　3）面要素

　　（1）面要素的概念。面要素是二维的，由线要素进行某一方向上移动后产生的轨迹或围合体的界面。

　　（2）面要素的作用。面要素是建筑空间构成中最关键的要素，也是空间限定感最强的限定要素。在空间限定中，常将线材和块材组合成虚面来进行综合空间限定。如世博会小品建筑长廊的围合面就是由两种不同类型线材在空间上的不同组合形成的，如图3-1-9所示。

　　（3）面要素的类型。面要素可以分为实面和虚面；根据形状可分成直面和曲面，如图3-1-10所示。根据位置可分为水平面、垂直面；根据在建筑构件不同位置可分为顶面、墙面、基面。里特维德的乌德勒支住宅是风格派建筑的代表作，也是现代主义建筑在别墅设计上的典范，运用在视觉上相互独立的构件创造出重叠、穿插的构成形式，通过面和线这两种元素的均衡和变化营造出灵活、丰富的建筑形态，如图3-1-11所示。

图 3-1-5　泰姬陵

图 3-1-6　中国园林建筑

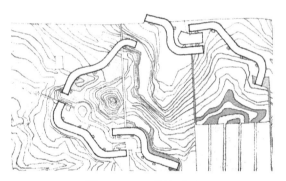

图 3-1-7　线性平面

图 3-1-8　华盛顿林荫大道

图 3-1-9　面要素—世博小品建筑

图 3-1-10　面类型—世博小品建筑

荷兰建筑师里特维尔德(Rietveld)
乌德勒支施罗德住宅

(a)

(b)

图 3-1-11 乌德勒支住宅

(a) 住宅外景一；(b) 住宅外景二

（4）面要素的特征。直面给以延伸感、力度感，曲面给人的动感。用面限定空间来在围合中营造封闭和开放的感觉。

4）体量要素

无论多么复杂的形体，都通过基本形的组合、变化形成。基本形有以下几个类型：球体、柱体、锥体、立方体等,如图 3-1-12 所示。

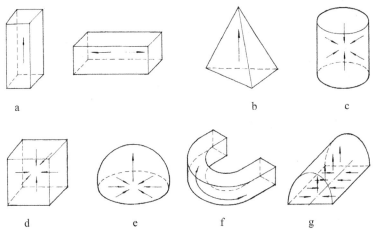

图 3-1-12　基本形类型

3.1.2.2　形体基本要素的关系

1) 基本形体的体型变化

(1) 增加。在基本形上增加某些附加形体,但附加体不应过多、过大,以免影响基本形体的性质与主导地位。

(2) 消减。在基本形体进行部分切挖,注意消减的量和部位会影响到原形的特征与视觉完整性。

(3) 拼镶。不同质感、形状的表皮肌理与材料并置、衔接,并做凹凸变化,造成形体上不同特征部分的对比变化。

(4) 倾斜。形体的垂直面与基准面形成一定角度的倾斜,也可使部分边棱或侧面倾斜,造成某种动势,但仍应保持整体的稳定感。

(5) 分裂。基本形体被切割后进行分离形成不同部分的对比,形体可以完全分开也可以局部分裂,但应注意保持整体统一性和完整性。

(6) 变异。收缩、膨胀、旋转与扭曲都属于变异的范围。

收缩指形体垂直面沿高度渐次后退,是体量逐渐缩小的变化。收缩可以自上而下形成上大下小的倒置感。

膨胀指基本形在各个方向或某些方向上向外鼓出,使外表面变异成为曲面或曲线,使规则的几何体具有弹性和生长感。

旋转指形体依据一定方向(水平或者垂直)旋转,使之产生强烈的动态和生长感。

扭曲指基本形体在整体或局部上进行扭转或弯曲,使几何形体具有柔和、流动感,包括顶面和侧面的扭曲,如图 3-1-13 所示。

2) 基本形体之间的相互关系

(1) 连接。由第三方形体将两个有一定距离的形体连为整体。连接体可不同于所连接的两形体,造成体量上的变化,突出原有两形体之特点。

建筑初步(下册)

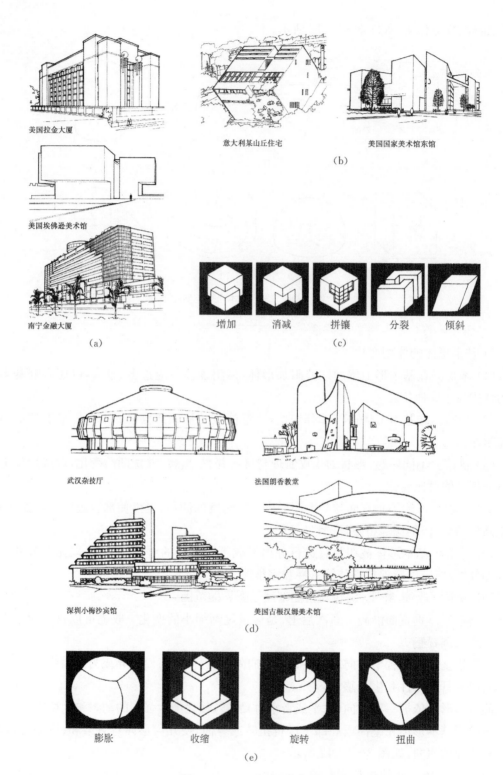

图 3-1-13 基本形变化

(a) 基本形体型变化一；(b) 基本形体型变化二；(c) 基本形体型变化示意图一、二；
(d) 基本形体型变异；(e) 基本形体型变异示意图

048

（2）分离。形体间保持一定距离,而具有一定的共同视觉特性。形体间的关系可作为方位上的改变,如平行、倒置、反转对称等,两者间距离不宜过大。

（3）接触。两形体保持各自独立的视觉特性,视觉上连续性强弱取决于接触的方式,面接触的连接性最强,线与点的接触连续性依次减弱。

（4）相交。两形体不要求有视觉上的共同性,可为同形、近似形,也可为对比形、两者的关系可为插入、咬合、贯穿、回转、叠加等,如图 3-1-14 所示。

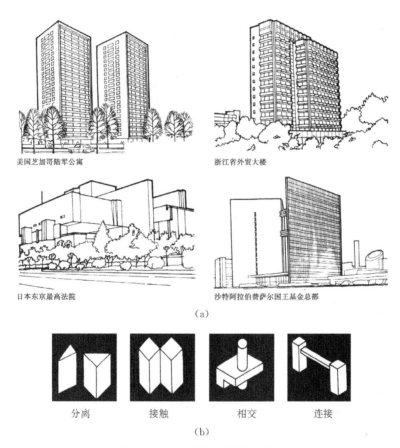

美国芝加哥陆军公寓　　浙江省外贸大楼

日本东京最高法院　　沙特阿拉伯费萨尔国王基金总部

（a）

分离　　接触　　相交　　连接

（b）

图 3-1-14　基本形的相互关系

（a）基本形的连接方式;（b）连接方式示意图

3）多元形体之间的构成关系

（1）集中式。集中式是由不同形体围绕占主导地位的中央母体而构成,表现出强烈的向心性。中央母体多为规整的几何形:周围的次要形体的形状、大小可以相同,也可彼此不同,集中式体形可为独立单体,或在场所中的控制点,为某一范围之中心。

（2）串联式。串联式是多个形体按照一定方向呈线状重复延伸构成。各形体可为完全重复的相同单元体,也可为近似形体或不同形体。构成的轨迹可为直线、折线、曲线等,除平面线式外,也可沿垂直方向构成塔式形体。

（3）组团式。组团式是依据各形体在尺寸、形状、朝向等方面具有相同视觉特征,或者具有类似的功能、共同的轴线等因素而建立起来的紧密联系所构成的群体。它不强调主次等级、几何规则性及整体的内心性,可构成灵活多变的群体关系。

(4)放射式。放射式是核心部分向不同方向延伸发展构成,是集中式与线式的复合构成,核心部分可为突出的形体,作为功能性或象征性的中心。核心部分也可是虚体(外部空间),突出线性部分的体量。线性部分可以是规则式,也可是非规则式放射。

(5)其他式。散点式的自由布局形态并无一定的几何规律,常依功能关系或道路骨架联系各个形体。构成既富于空间变化又不失整体感的有机群体。在功能复杂而密度较低的公共建筑群或地形变化较大的居住建筑群中常被采用,如图3-1-15所示。

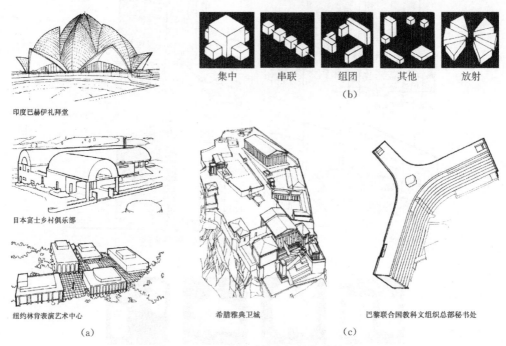

图 3-1-15 多元形体之间的构成关系

(a)多元空间形态一;(b)多元空间形态二;(c)多元空间形态示意

3.1.2.3 建筑体量构成的构成法则

1)基本骨骼形式

(1)重复。重复是基本形体反复出现,从其规律性、秩序性上产生节奏感。基本形可为一种,也可为两种以上,但种类不宜过多,以免破坏整体感。

(2)特异。特异是基本形有规律性的重复,个别形体或要素突破规律,在形体、大小、方位、质感、色彩等方面的明显改变,引起视觉上的刺激。

(3)渐变。渐变式基本形在形状、大小、排列方向上按照一定级差有规律的改变,产生强烈的韵律感。

(4)近似。近似是基本形彼此在视觉因素上相似,形体构成要素上又有一定差异。其重复出现既有一定的连续性,又有一定的形态变化,如图3-1-16所示。

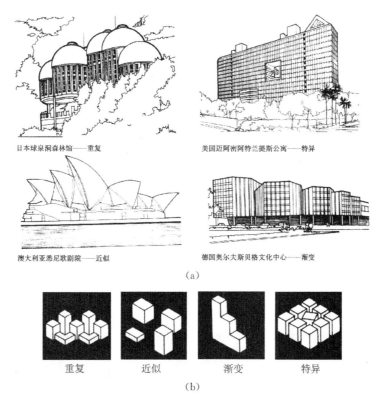

日本球泉洞森林馆——重复   美国迈阿密阿特兰提斯公寓——特异

澳大利亚悉尼歌剧院——近似   德国奥尔大斯贝格文化中心——渐变

(a)

重复   近似   渐变   特异

(b)

图 3-1-16   基本骨骼形式

(a)建筑基本骨骼形式案例；(b)基本骨骼形式示意

2) 形式美学法则

在平面构成与立体构成中我们反复讨论到形式美学法则。形式美法则已经成为现代设计的理论基础知识。形式美的法则是人类在创造美的形式、美的过程中对美的形式规律的经验总结和抽象概括。探讨形式美的法则，是所有设计学科共通的课题。

建筑物或建筑群各个部分的布局和组成形式，以及它们本身彼此之间和整体间的关系，就是所谓的建筑构图。建筑设计中运用一定的手法组织空间布局、处理建筑立面、细部等，以取得完美的建筑形式的技法，我们将此类理论称为建筑形式美学法则。建筑形式美法则很多，这里主要探讨对比、均衡、稳定，如图 3-1-17 所示。

（1）对比。基本形体各有不同的空间、体量与方向的视觉特性，由此产生强烈的对比。对比可以是基本形个体之间的对比，也可以是个别形体同群体进行形状、大小、质感、色彩、实虚等方面的对比。

（2）均衡。均衡包括对称均衡与不对称均衡。对称本身就是均衡的。由于中轴线两侧必须保持严格的制约关系，所以凡是对称的形式都能够获得统一性。中外建筑史上无数优秀的实例，都是因为采用了对称的组合形式而获得完整统一的。中国古代的宫殿、佛寺、陵墓等建筑，几乎都是通过对称布局把众多的建筑组合成为统一的建筑群。在西方，特别是从文艺复兴到 19 世纪后期，建筑师几乎都倾向于利用均衡对称的构图手法谋求整体的统一。

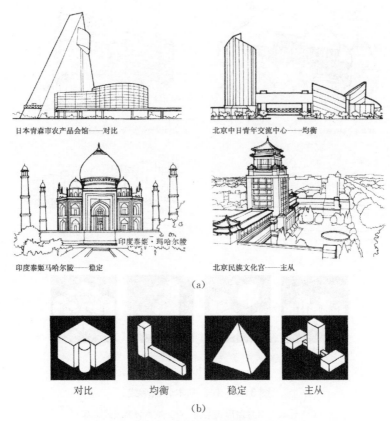

（a）

日本青森市农产品会馆——对比

北京中日青年交流中心——均衡

印度泰姬·玛哈尔陵

印度泰姬马哈尔陵——稳定

北京民族文化宫——主从

对比　　　均衡　　　稳定　　　主从

（b）

图 3-1-17　形式美学法则

（a）建筑形式美学法则案例；（b）形式美学法则示意

对称均衡由于构图受到严格的制约，往往不能适应现代建筑复杂的功能要求。现代建筑师常采用不对称均衡构图。不对称构成中较大体量靠近平衡中心，较小体量远离中心，以取得视觉心理上的整体感，构成中注意统一的比例和尺度关系。这种形式构图，因为没有严格的约束，适应性强，显得生动活泼。在中国古典园林中这种形式构图应用也很普遍。

（3）稳定。同均衡相联系的是稳定。处于地球重力场内的一切物体只有在重心最低和左右均衡的时候才有稳定的感觉。如下大上小的山，左右对称的人等。人眼习惯于稳定而均衡的组合。均衡而稳定的建筑不仅是相对安全的，而且在感觉上给人也是舒服的。

如果说均衡着重处理建筑构图中各要素左右或前后之间的轻重关系的话，那么稳定则着重考虑建筑整体上下之间的轻重关系。西方古典建筑几乎总是把下大上小、下重上轻、下实上虚奉为求得稳定的金科玉律。随着工程技术的进步，现代建筑师则不受这些约束，创造出许多同上述原则相对立的新的建筑形式。

（4）主从（等级）。在一个有机统一的基本形或群体关系中，各个组成部分存在着主和从、重点和一般、核心和外围的差异。建筑构图为了达到统一，从平面组合到立面处理，从内部空间到外部体形，从细部处理到群体组合，都必须处理好主和从、重点和一般的关系。

3.2 建筑的空间构成

3.2.1 建筑空间的概念

3.2.1.1 空间的概念

公元前 6 世纪，老子在《道德经》里说"埏埴以为器，当其无，有器之用。凿户牖以为室，当其无，有室之用。故有之以为利，无之以为用"。意思是揉合陶土做成器具，有了器皿中空的地方，才有器皿的作用。开凿门窗建造房屋，有了门窗四壁中空的地方，才有房屋的作用。所以"有"给人便利，"无"发挥了它的作用，如图 3-2-1 所示。这句话形象地反映了人类对空间的理解。

空间这个概念有着相对和绝对的两重性，这个空间的大小、形状被其围护物和其自身应具有的功能形式所决定，同时该空间也决定着围护物的形式。"有形"的围物使"无形"的空间成为有形，离开了围护物，空间就成为概念中的"空间"，不可被感知；"无形"的空间赋予"有形"的围护物以实际的意义，没有空间的存在，那围护物也就失去了存在的价值。我们对空间的感知必须借助我们对于形态要素所限定的空间界限的感知，只有当空间开始被形态要素所围合、塑造和组织的时候，建筑才产生。

图 3-2-1 器皿

3.2.1.2 建筑的空间概念

国际建筑师年会利马会议的《马丘比丘宪章》明确指出"近代建筑的主要问题已不再是纯体积的视觉表现，而是创造人们能生活的内部空间"，提出现代建筑设计的重点乃是处理内部空间。"建筑内部空间是建筑的灵魂"，建筑的本质就是空间与结构的有机统一。人们利用各种材料建造各种建筑，但真正使用的是建筑的内部空间。因此，室内空间较之建筑外形具有更重大的意义。随着人类社会的发展，人们对建筑本质认识的深入而日益将室内空间提交到一个非常重要的地位。

3.2.1.3 建筑空间的特点

建筑的空间不同于绘画、雕塑、装饰艺术等的空间感。绘画中的空间感是通过控制线性透视的效果的强弱和画面纵深度来表现，是用三维的方法去展现三维空间，如图 3-2-2 所示。雕塑中的空间强调的是占用空间，是"量块感"，空隙的形态，如图 3-2-3 所示。建筑的空间强调的是"流动感"，是人与空间的结合，是空虚的形态，如图 3-2-4 所示。

图 3-2-2　绘画中的空间感

图 3-2-3　雕塑中的空间感

(a)　　　　　　　　　　　　　　　　　(b)

图 3-2-4　建筑中的空间

(a) 建筑中的空间一；(b) 建筑中的空间二

3.2.2　建筑体量与空间关系

3.2.2.1　共生关系

建筑的体量与空间是建筑的重要特征，它们是一对共生关系，具有正负属性，如同图与底的反转关系。建筑体量是建筑物在空间上的体积，包括建筑的长度、宽度、高度。建筑体量是其内部空间构成的外部表象，是空间构成的结果。形态要素按照一定关系构成建筑空间的同时，构成了外部表现的实体。构成建筑内部空间形态的同时必然构成建筑的外部体量形态。因此，空间构成和体量构成是建筑形态构成研究的核心。无论是米兰大教堂哥特式的尖顶、佛罗伦萨主教堂的大穹顶，还是罗马斗兽场优美的环形拱廊，这些建筑内部空间与外部形态都是相对应的，如图 3-2-5、图 3-2-6、图 3-2-7 所示。

(a)   (b)

图 3-2-5 米 兰 教 堂

(a) 米兰教堂外景；(b) 米兰教堂内景

图 3-2-6 佛罗伦萨主教堂   图 3-2-7 罗马大角斗场

3.2.2.2 建筑外部空间

外部空间是由人创造的有目的的外部环境，是比自然更有意义的空间。由建筑师所设想的这一外部空间概念，与造园师考虑的外部空间，也许稍稍有些不同。因为这个空间是建筑的一部分，也可以说是"没有屋顶的建筑空间"。

建筑形态要素在构成内部空间的同时，既决定了周围的空间形式，取样也被周围空间形式所决定。建筑外部空间是指建筑与周围环境，城市街道之间存在的空间，它是建筑与建筑，建筑与街道或城市之间的中间领域，是一个有秩序的人造环境。建筑体量之间的相互联系构成了建筑的外部空间形态对城市范围内的影响，如图 3-2-8 所示。

图 3-2-8　内外空间—上海陆家嘴

3.2.3　建筑空间构成方式

建筑空间与体量是相辅相成的,研究建筑空间构成方式时不能完全脱离建筑体量构成方式。与建筑体量构成单个基本形的变化、两个基本形体之间相互关系、多元形体的构成关系相对应,建筑空间构成分为单一建筑空间构成、二元建筑空间构成、多元建筑空间构成三种类型,如图 3-2-9 所示。

构成方式	建筑空间构成			建筑体量构成	
	单一建筑空间构成	空间形状	增加	拼镶	基本形体的体型变换
		空间比例	消减	倾斜	
		空间尺度	分裂	变异	
	二元建筑空间构成	连接		连接	基本形体的相互关系
		接触		接触	
		包容		包容	
		相交		相交	
	多元建筑空间构成	集中式		集中式	多元形体的构成关系
		串联式		串联式	
		放射式		放射式	
		组团式		组团式	
		其他式		其他式	

图 3-2-9　建筑空间与体量对应表

3.2.3.1　单一建筑空间构成

（1）空间形状。单一空间首先是按其形状被人们感知的。不同的单一空间体量给人以不同空间形状的感受。空间形状可以说是由其周围物体的边界所限定的，包括点、线、面、体等构成要素，同时具有形状、色彩、材质等视觉要素，以及位置、方向、重心等关系要素。空间形状是直接影响空间造型的重要因素。

（2）空间比例。空间的形状与空间的比例与尺度都是密切相关的，直接影响到人对空间的感受。比例是指空间的各要素之间的数学关系，是整体和局部间存在的关系。不同长、宽、高的空间给人不同的感受，一般而言，高耸的空间有向上的动势，给人以崇高和雄伟的感觉。纵长而狭窄的空间有向前的动势，给人以深远和前进的感觉。宽敞而低矮的空间有水平延伸的趋势，给人以开阔通畅的感觉，如图 3-2-10 所示。

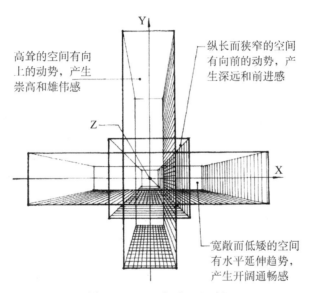

图 3-2-10　空 间 比 例

（3）空间尺度。"比例"与"尺度"概念不完全一样。尺度是指人与室内空间的比例关系所产生的心理感受。不同尺度的划分可以产生不同的视觉效果和心理感受。就是长宽高比例相同的空间，与人尺度相比较，都会产生不同的心理感受。人体是一把基本标尺，与人体活动直接相关的部分如门、台阶、栏杆、窗台、坐凳等应该是真实可靠的，如图 3-2-11 所示。

3.2.3.2　二元建筑空间构成

（1）包容。包容指大空间中包含小空间，两个空间产生视觉与空间上的连续性。

（2）相交。相交指两个空间的一部分重叠而成为公共空间，并保持各自的界限和完整。

（3）连接。连接指两个相互分离的空间由一个过渡空间相连，过渡空间的特征对于空间的构成关系有决定作用。

过渡空间与它所联系的空间在形状、尺寸上完全一致，形成了重复的空间系列；过渡空间与它所联系的空间在形状、尺寸上完全不同，强调其自身的联系作用；过渡空间大于它所联系的空间并将它们组织周围，形成整体的主导空间；过渡空间的形式和特征完全根据它所

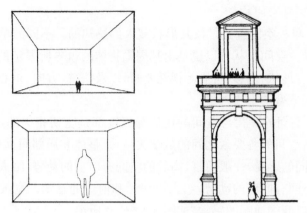

图 3-2-11 空 间 尺 度

联系的空间特征而定。

(4)接触。接触指两个空间不重叠,但是表面或边线相互接触从而构成建筑空间。两个空间之间的视觉与空间联系成都取决于分割要素的特点。

靠实体分割,各个空间独立性强,分割面上开洞程度影响空间感;在单一空间里设置独立分割面。两个空间隔而不断;用线状柱子排列分割,空间有很强的视觉和空间连续性与通透性;以地面标高、顶棚高度或墙面的不同处理构成有个有区别而又相连续的空间,如图3-2-12所示。

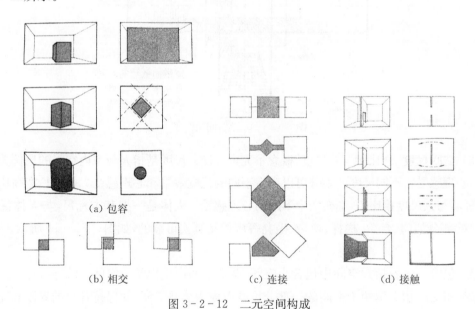

(a) 包容　　　　(b) 相交　　　　(c) 连接　　　　(d) 接触

图 3-2-12　二元空间构成

(a) 包容;(b) 相交;(c) 连接;(d) 接触

3.2.3.3　多元建筑空间构成

(1)集中式。集中式是以一个主要空间为主导,次要空间的功能、尺寸可以完全相同,形成双向对称的空间构成;两大空间相互套叠后构成对称集中空间;或者一定数量的次要空间围绕一个大的主导空间,主入口可根据环境条件在任何一个次要空间处,中央主导空间一般是规则式,体量较大,统率次要空间也可以以其形态的特异突出其主导地位,如图 3-2-13 所示。

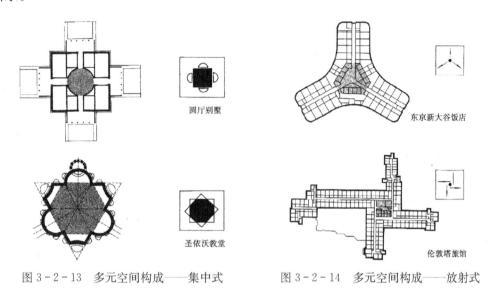

图 3-2-13　多元空间构成——集中式　　　图 3-2-14　多元空间构成——放射式

（2）放射式。放射式是由主导的中央空间和向外辐射扩展的线式串联空间所构成。中央空间一般为规则式,向外延伸空间的长度、方位因功能或场地条件而不同,其与中央空间的位置、方向的变化而产生不同的空间形态,如图 3-2-14 所示。

（3）串联式。串联式是由若干单体空间按照一定方向相连接构成的空间系列,具有明显的方向性,并具有运动、延伸、增长的趋势,构成具有可变的灵活性,有利于空间的发展,按照构成方式不同分为不同的串联形式,如图 3-2-15 所示。

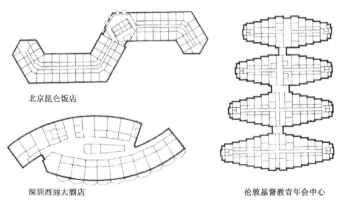

图 3-2-15　多元空间构成——串联式

（4）组团式。组团式是将功能上类似的空间单元按照形状、大小或相互关系方面的共同视觉特征,构成相对集中的建筑空间,也可将形状、功能不同的空间通过紧密连接和诸如轴线等视觉上一些手段构成组团。组团式具有连接紧凑、灵活多变、易于增减和变化组成单元而不影响其构成的特点,如图 3-2-16 所示。

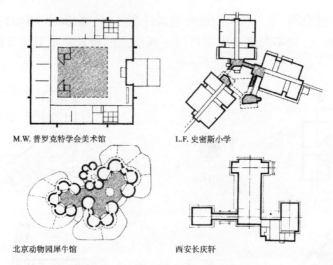

M.W.普罗克特学会美术馆

L.F.史密斯小学

北京动物园犀牛馆

西安长庆轩

图 3-2-16　多元空间构成——组团式

单元作业

1. 作业内容

以小组为单位对建筑大师作品进行资料收集。

2. 作业要求

1) 资料收集形式

PPT 汇报,每组选派一个代表。

2) 资料收集要求

(1) 总平面、平、立、剖、详图。

(2) 相关的文字和图片说明。

3) 可供选择的建筑大师作品

(1) 柯布西耶。

(2) 密斯凡德罗。

(3) 彼得埃森曼。

(4) 理查德迈耶。

(5) 安藤忠雄。

第4单元　建筑图解分析

 单元课题概况

单元课题时间：本课题共32课时。

课题教学要求：

（1）理解构成的基本知识及其在建筑中的运用。

（2）掌握建筑图解分析的基本原理和常用方法。

（3）通过案例熟悉建筑空间的常用组织手法。

课题训练目的：

（1）在理解建筑平面或立面设计的同时，在建筑中找到内在的形的构成规律，体会和掌握点、线、面的作用及美学的基本原则，学会如何利用点、线、面来组织平面和立面。

（2）掌握二维平面图形和三维形体之间的生成关系；巩固从平面构成中学到的形式美构成知识，强化运用立体构成方式的能力；结合建筑学专业特点，重点训练对体和空间形态特性的掌握和体验。

课题作业：建筑平面分析、平立转化。

4.1　图解分析的基础

4.1.1　图解分析的概念

图解分析就是对建筑的形态与空间进行分析，是一种对建筑形态与空间的构思方法，一种分析语汇。在建筑设计过程中，图解分析是一项非常重要的内容。对建筑进行形态和空间的分析，不仅可以帮助建筑师更好地理解别人的设计作品，同时也能够帮助建筑师自己更好地进行设计。

用图解方法来分析建筑形体和空间，着眼于明确的形象特征，脱离了风格、形式、功能和时代等因素，不涉及建筑学中社会、政治、经济或技术等方面的问题，方法简化还原到最基本的本质，仅存在建筑形体和空间的研究与推敲范畴中。

4.1.2　图解分析的原理

建筑形态与空间图解分析的原理就是运用建筑形态构成（平面构成、立体构成）的理论来探求建筑形态与空间的特点和规律,挖掘建筑形态与空间构成的各种可能性。

4.1.2.1 平面构成与建筑形态、空间

建筑平面分析作业选取基本形态突出、骨骼明显、秩序感强、具有明显构成特征的建筑实例进行阅读和分析,运用形态构成中平面构成的相关知识点,找出基本形和构成规律。如以其中建筑平面的某一层或某一段建筑立面为原型,在这段限定的平面或立面上,运用点、线、面要素以及黑白灰三色表现做平面或立面的分析和重构,要求符合构成的美学原则。目标是为了忽略建筑内部实际的建筑功能,摒弃色彩和材质在平面或立面上的考虑和表达,全心关注平面形状之间的构成法则。在理解建筑平面或立面设计的同时,要求在建筑平、立面的构成过程中体验或掌握点、线、面、体的构成原理,找到内在的形的构成规律,体会和掌握点、线、面的作用和美学的基本原则,学会如何利用点、线、面来组织平面和立面,达到了训练目的,如图4-1-1所示。

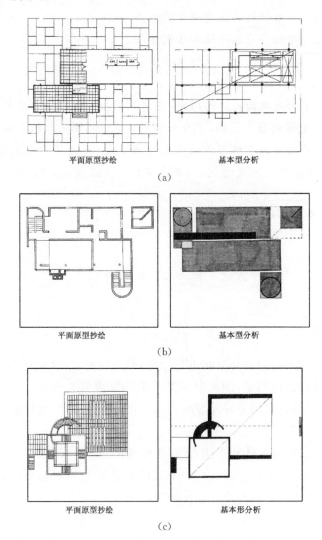

图4-1-1 建筑平面分析作业

(a)范斯沃斯住宅平面分析;(b)史密斯住宅平面分析;(c)水之教堂平面分析

4.1.2.2 立体构成与建筑形态、空间

建筑平立转化作业要求是把平面分析重构部分的内容进行立体构型,运用形态构成中立体构成的相关知识点,训练对"形态和空间"的概念和体验,创造符合尺度、空间构成法则的立体构成作品。理解平立转化关系的关键,在于理解二维平面是可以通过增加三维的向度来形成立体的空间形态,理解平立可以转化的前提是每个立体形态投影都有一个平面,但是同一平面可以生成不同的形态。在立体构型过程中逐步掌握块材、线材、面材和体的构成原理和规律,体会立体构成美学的基本原则,学会如何利用各种材料来组织空间和体量,达到了训练目的,如图4-1-2所示。

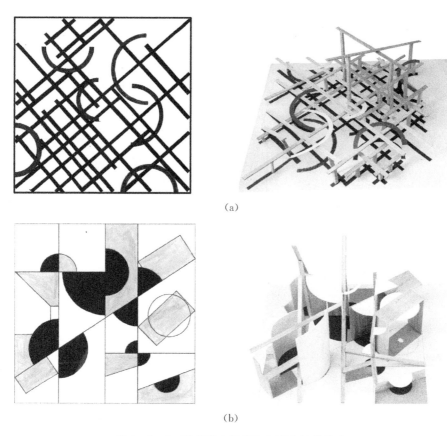

(a)

(b)

图4-1-2 建筑基本形重构与平立转化作业

(a)作业一;(b)作业二

4.2 图解分析的常用方法

4.2.1 确定图解分析的常用原型

图解分析通常选取建筑的总平面图、平面图或者立面、剖面图作为原型来进行分析,可

以从结构、自然采光、交通、构图法则、美学等方面进行图解分析。通过图解分析能够发现建筑形态与空间的典型模式或形体构思。图4-2-1对马里奥·博塔的独立住宅进行的图解分析。

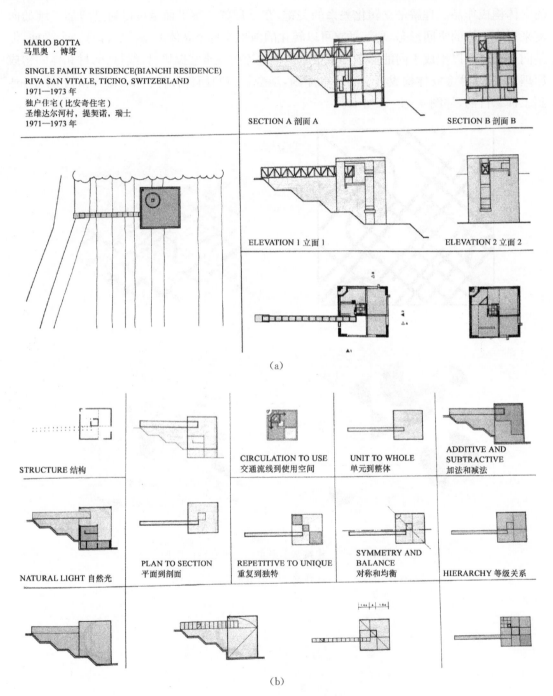

图4-2-1 图解分析案例

(a)独立住宅图解分析原型;(b)独立住宅图解分析类型

4.2.2　图解分析的步骤

下面以平面图为原型来对两个建筑平面图进行图解分析。首先要对原型进行识图,然后制作相应的图例,最后用图示语言将基本构图关系表达出来。

4.2.2.1　图解分析原型的识图

图解分析原型的识图通过区分室内外空间与建筑内部主次空间,来分析总结该原型交通空间或路径形状与功能空间的关系,并且能用图示语言表达出来。

(1) 区分室内外空间。室内外空间区分关注的重点是建筑入口空间、台阶、庭院空间等一些区别室内外的关键部位。

(2) 区分建筑内部的功能空间。建筑内部的功能空间按照功能使用的频率、重要性等因素分为主要功能空间和辅助功能空间。

(3) 分析、总结交通空间或路径的形状以及其与功能空间的关系。建筑交通空间或路径形状与功能空间的关系一般有如下 3 种关系:其一是各种形状的功能空间并置在主要交通空间或路径两边,功能空间保持相对完整,通过主要或次一级交通空间进入;其二是各种形状的功能空间由主要交通空间或路径串联、打破和穿越;其三是通过主要交通空间或路径引导至功能空间。如图 4-2-2 所示。

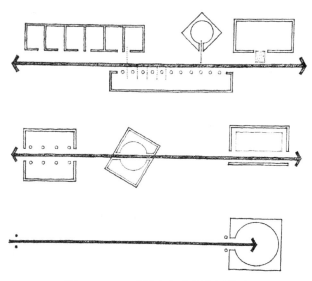

图 4-2-2　交通空间分析常用模式

下面就两个建筑平面为例进行分析,如图 4-2-3 所示。图 4-2-3(a)案例是阿尔托设计的德国不莱梅公寓大楼,从建筑底层平面图来看,室内外空间的区分相对简单,建筑内部功能空间以每个发射型公寓房间为主要功能用房,通过异形交通空间串联在一起;图 4-2-3(b)案例是一个位于法国的别墅,不同于上一个案例相对集中式的建筑单体,这个别墅相对分散,各个功能房间是通过大小的庭院、片墙组织起来的,类似规模小的建筑群落和院落空间,如图 4-2-3 所示。

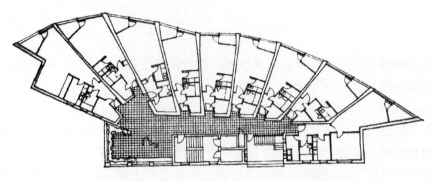

Neur Vahr Apartment Building, Bremen, Germany, 1958—1962, Alvar Aalto
纽瓦公寓大楼，不来梅，德国，1958年—1962年，阿尔瓦·阿尔托

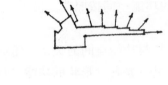

(a)

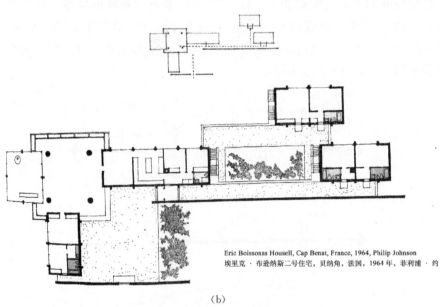

Eric Boissonas Housell, Cap Benat, France, 1964, Philip Johnson
埃里克·布逊纳斯二号住宅，贝纳角，法国，1964年，菲利浦·约

(b)

图4-2-3　原型识图案例分析

(a)不莱梅公寓大楼分析；(b)二号住宅分析

4.2.2.2　图例制作与图解基本关系

制作图例的关键在于运用不同的点、线、面等符号和几何化图例将不同功能空间高度抽象化、图形化。建筑的主要使用空间、辅助空间、交通空间、垂直交通空间等不同的空间可以用几何图例清楚、有效区分开来。

确定几何图例后，就可以用图示语言对建筑平面的基本构图关系进行图解分析，运用构成知识确定建筑原型中的基本形和寻找内在形的构成规律。

1）在建筑原型中提炼基本形的方法

在建筑原型中提炼基本形，就是把建筑原型内、外部组成进行点、线、面等几何形状归纳,提炼后的基本形位置与原型位置——对应,但是没有了墙厚、门窗洞口等建筑构件的概念,只存在点、线、面等几何形状。在建筑原型中提炼基本形,首先要确定基本形的最小单位。基本形的最小单位可以是单个房间或一组功能相近的房间的几何形状。基本形的提炼可以根据图例的制作标准,按照主要使用空间、辅助空间、交通空间、垂直交通空间等不同功能特性的空间进行提炼。

2)图解基本形组合的相互关系

在建筑原型中提取基本形后,就需要用图示语言来分析基本形之间的结构、几何关系和基本构图关系。由图 4-2-1 分析的案例可知图解分析可以从许多方面进行,这里仅介绍结构、几何关系和基本构图关系三个常用图例类型,如图 4-2-4 所示。

(1)结构。从结构的角度进行图解分析主要是区分墙和柱,特别是柱列、柱网关系,因为在图形语言中,柱列或柱网形成的线或虚空间与其他几何形有着明显差异,必须标识出来。

(2)几何关系。图解基本形组合的几何关系,将不同属性的基本形(使用空间、垂直交通空间、主要交通流线等)提炼和完形后,再运用平面构成中"两个基本形之间相互关系"的原理将基本形的位置关系标注出来。

(3)基本构图关系。基本构图关系其实就是美学原则,这里仅用图例示意一下对称、均衡、重复到独特的构图关系。

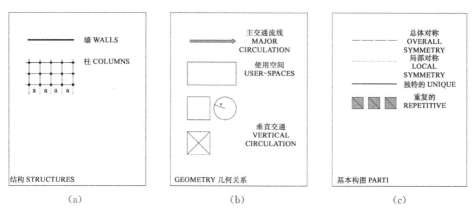

图 4-2-4　基本关系的图例类型
(a)结构类型;(b)几何关系类型;(c)基本构图类型

4.3　图解分析案例

4.3.1　当代建筑大师代表作品图解与分析

4.3.1.1　安藤忠雄的六甲山教堂

1)相关背景知识

六甲山教堂有一个更广为人知的名字——"风之教堂"。其座落于神户的六甲山顶。参观此教堂先要通过索道上到 800 米高,在索道上可以看到海并体验在浮云中升腾的感觉。

索道上去后,经过短时间的出租车可以到达教堂最外面的入口。穿过狭窄的楼梯、灰暗的走廊以及半日式的园林,仿佛走进一个如鼠洞般黑暗而复杂的迷宫。走过这一段后,在某种程度上如同进入了一个"空间隧道"。一面是矮墙,而另一面是浓密的灌木。从树的枝杈中隐约透出教堂建筑模糊的轮廓,显得遥不可及。向下几步后可以鸟瞰教堂的全貌,立方体的教堂、玻璃的走廊以及垂直的钟塔。看不到海,感觉自己位于悬崖的边缘。几经周折进入另一个入口,入口前面的花园没有太多通常的处理手法,只有草坪和边缘处的树。此处仍然看不到海,而混凝土、磨砂玻璃的材料和单纯体量的对比给人留下了深刻的印象。从这个入口进入玻璃走廊,走廊的尽端并不直接通向教堂,而磨砂玻璃使窗外的风景不可见,模糊了真实的尺度感,这条走廊给人的感觉很长。在走廊里常常可以感受到自然风的吹过,"风之教堂"的名字由此而来。意外的几级向下的踏步后,向右可看到美丽的花,使人的精神为之一振。这是教堂本身的入口。教堂是一个非常单纯的立方体形式,除了一面开窗外,其余墙面都是单纯的素混凝土墙面。透过窗户可以看到外面倾斜的草坪,而一面矮墙阻隔住更远的风景视线,以保证教堂神圣的气氛。登上垂直的钟塔,在一个很小的空间里可以看到海。参观途中一个一直隐含的主题和悬念在静谧中得以呈现,如图4-3-1所示。

(a)　　　　　　　　　　(b)　　　　　　　　　　(c)

图4-3-1　六甲山教堂外观

(a)入口走廊;(b)鸟瞰教堂;(c)空间缝隙

以上综合了几位参观者对此教堂的描述和感受。可以看到六甲山教堂的空间处理目的在于创造静谧而神圣的空间氛围,形成一种理性的、秩序性的神圣感。在处理手法上,六甲山教堂是一个非常单纯的立方体体量,虽然尺度小,但平整而毫无装饰的四壁亦使其单纯性表露无疑。在空间处理上,六甲山教堂没有止于单纯,而是用一些处理手法在单纯空间中产生缝隙,并引入自然元素,使自然元素成为单纯空间的视觉中心,通过单纯空间的一面大玻璃窗引入室外倾斜的草坪来塑造空间的个性。

六甲山教堂通过一系列空间序列的处理,使参观者从多个视野阻隔的空间穿过后最终感觉到教堂的豁然开朗。这样,一个尺度并不大的教堂也能够产生单纯体量的神圣感。这种手法在日本和中国的许多传统建筑中都可以看到。抛开手法本身不谈,安藤忠雄选择的这种处理方式,在有限的空间内采用阻隔的手法,通过目标的模糊化来达到空间小中见大的效果。但是这种空间的单纯性却与建筑技术无关。天花板与墙面采用相似的材料,使空间感觉更为单纯,也在一定程度上模糊了建筑的结构逻辑。这种设计出发点与日本传统的神道精神及对先验的秩序的追求的精神是相通的。再次,六甲山教堂处处可以看到建筑师对空间处理的克制态度。教堂通过大玻璃窗引入外面的景色,但又设一道矮墙阻隔了更远的风景。海的主题在参观过程中一直作为悬念而潜伏,而最终观海却在很小的斗室。克制的表现是东亚文化的一个共同特点,但在日本显得尤为突出。

2)图解分析过程

从六甲山教堂的图纸表达上,不难感受到设计者对空间处理的特点,如图 4-3-2 所示。下面以六甲山教堂平面图为图解分析原型,从以下三个方面进行分析。

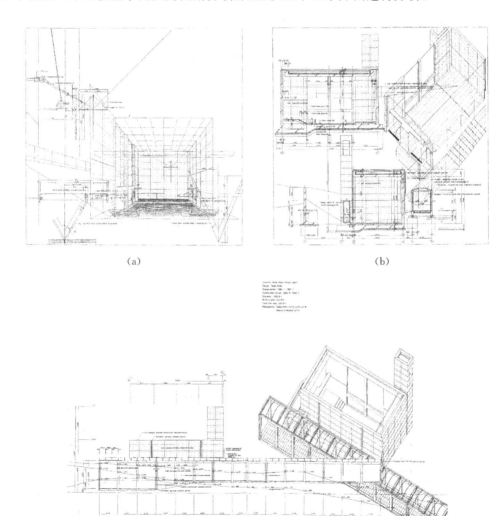

(a)　　　　　　　　　　　　(b)

(c)

图 4-3-2　六甲山教堂图纸

(a)室内透视;(b)剖面与轴测图一;(c)剖面与轴测图二

（1）从结构进行分析。长长的玻璃走廊是框架结构，立方体的教堂和垂直的钟塔由墙承重。

（2）从交通流线到使用空间的分析。玻璃走廊的尽端虽然不直接通向教堂，但走廊这个主要交通空间还是引导着人们步入右边的教堂入口，来到教堂和钟塔这两个使用空间。另外在教堂的玻璃窗外侧，用来阻隔更远的风景视线的几道矮墙隔离出另一种空间。

（3）从基本构图关系进行分析。六甲山教堂建筑平面图原型中存在的几何关系呈现为由交通空间走廊、使用空间教堂和钟塔提炼出来的不同比例的矩形基本形，由矮墙提炼出线性要素，以及这几个组合之间的基本构图关系：不均衡对称与重复。对称以教堂垂直方向为中轴左右对称，钟塔与矮墙退进的尺寸相等；不均衡对称以教堂水平方向为中轴上下对称，上部的矮墙与下部的长廊对应，如图4-3-3所示。

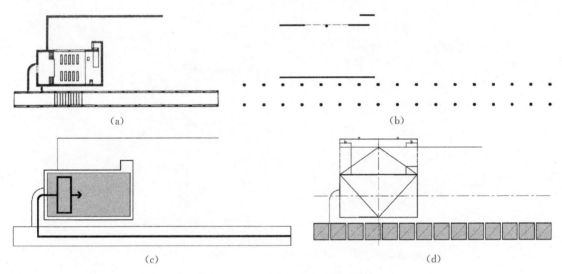

（a）　　　　　　　　　　　　　　　　　（b）

（c）　　　　　　　　　　　　　　　　　（d）

图4-3-3　六甲山教堂图解分析

（a）平面原型；（b）结构图解；（c）几何关系；（d）基本构图关系

4.3.1.2　斯韦勒费恩的巴斯克别墅

1）相关背景知识

巴斯克别墅是建筑师斯韦勒费恩创作高峰期和成熟期，巴斯克别墅在空间和结构上体现了建筑师对基地的关照，因而使基本的建筑形体显得富有诗意。

巴斯克别墅位于挪威巴姆伯峡湾附近一处山梁的岩顶，风景迷人，可以俯瞰到不远的海岸线。基地林木茂盛，地表岩石坚硬，基地除了岩顶部分是狭长形的平地外，其余都是向山谷迅速跌落的坡地。费恩根据地形的特征进行建筑布局。条形的建筑主体位于岩顶上，它的下层是酒窖，上层布置别墅的主要功能。主体的西南侧有一个轻巧的透明的体量，呈直角插入主体，成为建筑的门廊。在另外一端，四层高的塔形体块从基地的最低处升起，被用来布置儿童用房，并通过透明的连廊与主体部分相连，这里还设置了从谷底进入别墅的次入口。从总体上看，塔形体量犹如主体部分的前哨，并通过水平连接体与主体相连，这种水平与垂直体量之间的对比和联系充分地表达了基地的地形特征。同时也巧妙地处理了复杂地形中别墅的布局和功能分区的问题。条形的建筑主体以一个嵌入基地的混凝土平台为基础，平台一侧是以木构架和玻璃为主的通透长廊。长廊与门廊的交接处扩大为门厅,从门厅开始沿着走廊的一个方向依次是厨房、餐厅、内院、主卧和主卫;而走廊的另外一段是起居室,位于一块突起的岩石上,需要沿着台阶拾级而上。走廊的两端都一直延伸到室外,并以室外平台为终点。主人可以时时刻刻感受到与自然的紧密联系,而站在塔楼顶端又可领略到不同视野的风景。

在这个设计中,建筑师费恩用混凝土构筑了一堵石墙和一个平台,矗立在岩石中的石墙与地表岩石相似,建立起建筑和基地的联系性,而它又是人工的与自然形成了强烈反差,从而产生了自然和人工构筑物的强烈对抗。嵌入岩石的混凝土平台的整个建筑的基座,也是上面木构结构的基础,坚固封闭的混凝土形体与开朗通透的玻璃木构结合是对自然环境作出现实反映的结果,如图 4-3-4、图 4-3-5 所示。

(a)

(b)

(c)

图 4-3-4　巴斯克别墅外观

(a) 门厅;(b) 儿童用房;(c) 别墅远观

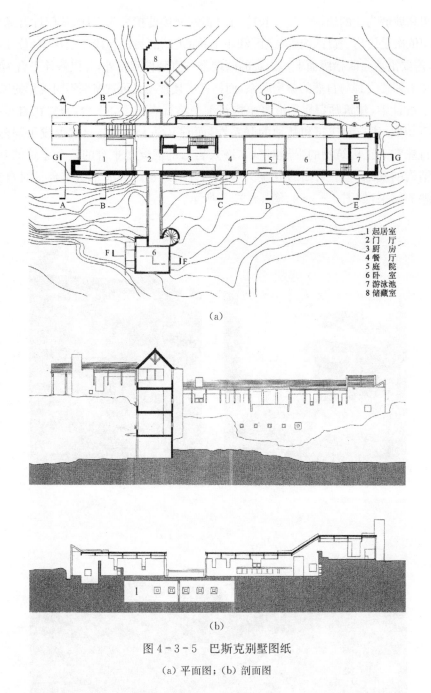

1 起居室
2 门厅房厅
3 厨庭室
4 餐庭院
5 庭院
6 卧泳池
7 游泳池
8 储藏室

(a)

(b)

图 4-3-5　巴斯克别墅图纸

(a) 平面图；(b) 剖面图

2) 图解分析过程

以巴斯克别墅平面图为例图解分析原型，从以下三个方面进行。

(1) 从结构进行分析。条形建筑主体的平台一侧是以木构架和玻璃为主的通透长廊，儿童用房通过透明的连廊与主体部分相连，建筑的门廊也是用轻巧、透明的体量，呈直角插入主体，形成实虚对比。

(2) 从交通流线到使用空间的分析。长廊与门廊的交接处扩大为门厅，从门厅开始沿着走廊的一个方向依次是厨房、餐厅、内院、主卧和主卫;而走廊的另外一段是起居室。建筑的门廊的另外一端是儿童用房,通过透明的连廊与主体部分相连。

(3)从基本构图关系进行分析。巴斯克别墅建筑平面图原型中存在的几何关系,分别是由水平与垂直体量提炼出来的不同比例的矩形基本形之间的对比和联系,垂直方向一端儿童房是由方形和圆形联合而成,加上另一端的方形、水平方向上的一个庭院空间提炼的虚方形,以及水平走廊一端位于岩石上的起居室室外,形成了一个旋转 45°的矩形,非常有意思,如图 4-3-6 所示。

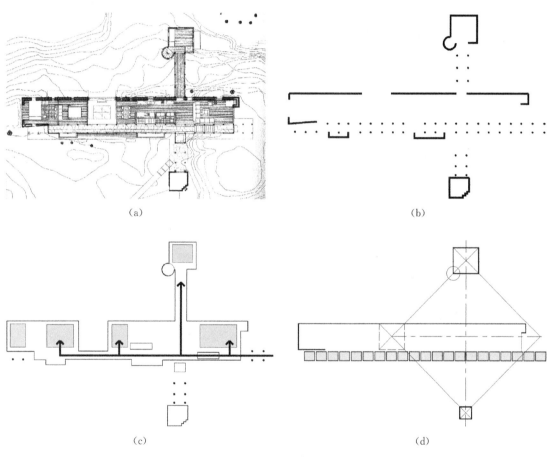

(a)　　　　　　　　　　　　　(b)

(c)　　　　　　　　　　　　　(d)

图 4-3-6　巴斯克别墅图解分析

(a)平面原型;(b)结构分析;(c)几何关系;(d)基本构图关系

4.3.2　学生作品赏析

1)平面分析

2)平立转化

(图 4-3-7 平面分析作业)

(图 4-3-8 平立转化作业)

平面原形抄绘

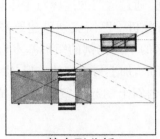

基本形分析

基本形重构

基本类型：线、面构成
基本单元：矩形
基本方法：形的分割与叠加变化
特点分析：将矩形进行分割，并按一定规律进行位移，然后使分割后所形成的图形叠加。由于注意了图形之间的大小及疏密对比，使整个图形表现出明显的韵律感。同时，分割后的矩形位移有度，基本上保持了原形的特点，稍显无序的几块矩形也因此而有所归依。

文字说明

建筑形态构成之平面分析

10建筑设计2班
杨南南　14号

(a)

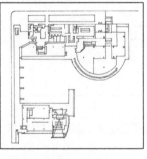

平面原型抄绘

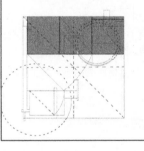

基本形分析

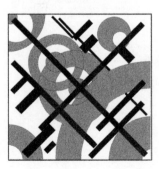

基本类型：线面构成
基本单元：圆形·线
基本方法：形的重复变化和叠加
特点分析：
　　将若干大小不等的圆形加入其中，采用消减叠加等手法减弱了整体图面的单调性，再将粗细不等的线按照45度和135度方向插入图内，从而凸显图面的统摄主体，使整个图形表现出明显的韵律感。

建筑形态构成之平面分析

建筑设计一班
十九号　白雪

(b)

图 4-3-7　平面分析作业

(a) 作业一；(b) 作业二

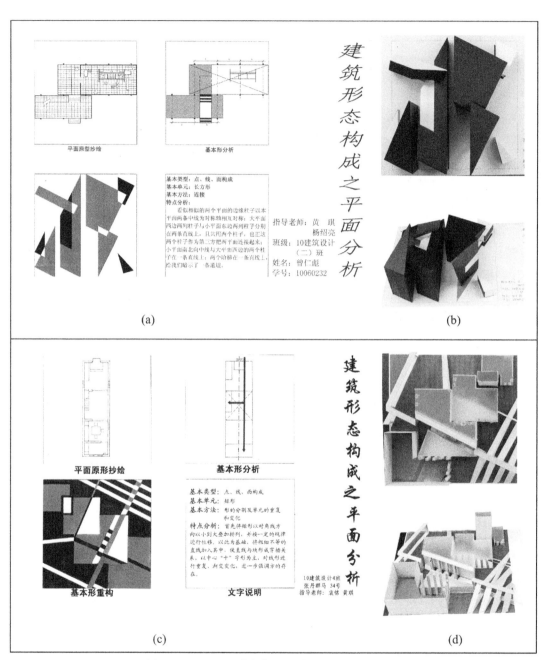

图4-3-8 平面分析与平立转化的相互对应关系

（a）平面分析作业一；（b）相对应的平立转化作业一；
（c）平面分析作业二；（d）相对应的平立转化作业二

单元作业

平面分析

1. 作业内容

运用建筑形态构成原理对1个建筑作品平面进行分析,包括原型、基本形分析、基本形重构、说明。

2. 作业要求

(1) 纸张和底板要求:白卡纸(500×360);有效范围(420×297)。

(2) 平面分析要求:①4个分析图。每个分析图尺寸(130×130),具体位置根据图面排版自定,下面标注具体形式名称包括(平面原型抄绘、基本形分析或提炼、基本形重构、文字说明);文字说明包括基本类型、基本单元、基本方法、特点分析。②标注作业名称、班级、姓名、学号;字体样式、大小自定。③简单的文字说明。

平立转化

1. 作业内容

运用建筑形态构成原理将上一个建筑作品平面分析作业进行立体构型。以平面构成再创造为二维基础生成立体形态(模型)(2)

2. 作业要求

(1) 纸张和底板要求:白卡纸(270×300);3号黑色KT板(297×420)。

(2) 平立转化要求:①将原有平面分析作业的基本形重构部分放大到白卡纸上(270×300),具体位置根据图面排版自定。②以基本形重构部分的平面为基础进行立体构型,材料自定。③KT板上标注作业名称、班级、姓名、学号;字体样式、大小自定。

第三篇

建筑形态与空间表达

第5单元　表达之透视、轴测

 单元课题概况

单元课题时间:本课题共12课时。

课题教学要求:

(1) 了解建筑形态与空间表达的相关知识。

(2) 掌握建筑形态与空间表达透视、轴测的基本手法。

课题训练目的:

(1) 通过对透视、轴测图的学习来学习体验建筑空间。

(2) 学会使用多种手法来对建筑形态与空间进行构思和表达。

(3) 提高对建筑空间的理解和创造力。

课题作业要求:大师建筑作品表现之轴测图。

5.1　二点透视图

5.1.1　透视图的相关知识

5.1.1.1　透视图的画法与原理

1) 透视图的画法种类

透视图的画法有许多,画法几何中基本方法有投影法、视线法、量点法等,还有在此基础上发展起来的各种简化画法和实用画法。草图、效果图的表达准确与否依赖于对透视原理的把握。但是实际操作中用透视方法来求灭点的画法较为麻烦,通常是在掌握透视基本原理的基础之上,凭借透视感觉来画透视关系,需要通过画大量透视图来积累经验。

2) 透视图的基本原理:远近法

远近法是按照视觉规律的近大远小,近高远低,近开远窄等透视现象来作画的。离视点越近的物体越大,反之越小,渐远渐小至消失成点。

5.1.1.2　透视图的类型

透视图可分为正透视、斜透视、一点透视、两点透视、三点透视等不同类型。其中两个灭点的透视表现形式是最佳展现建筑的形态构成和建筑的形体与空间组合的方法。本章节主要讲解建筑两个灭点的透视表达方法。

5.1.2 两点透视在建筑表现中的应用

5.1.2.1 两点透视的相关概念

如果立方体仅有垂直轮廓线与画面平行，而另外的面，均与画面斜交，在此情况下，建筑物的两个立角均与画面成倾斜角度，称为成角透视。此时画面上有两个灭点，并且这两个灭点都在视平线上，故又称为两点透视，如图5-1-1所示。

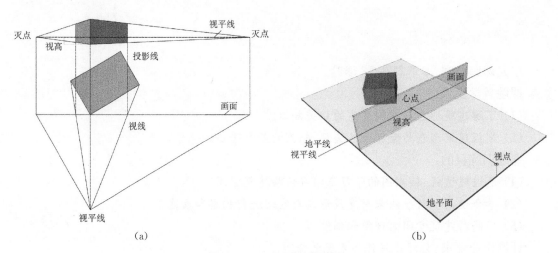

图5-1-1　两点透视概念

(a) 两点透视示意图一；(b) 两点透视示意图二

（1）视点。人站立的位置，视线集中于一点即视点，也称为立点。

（2）视线轴。就是视点与心点相连，与视平线成直角的线，又称为视中线。

（3）视平线。观察物体时眼睛的高度线。

（4）视高。视高一般取1700毫米，这样的视高画出的透视图属于正常透视。而高于1700毫米视高的透视图就称为鸟瞰图。

（5）画面。画面是指人与物体间的假设面。

（6）灭点。平行线在无穷远交会集中的点，也称消失点，与画面相交的平行线消失相交成一点，透视上称为灭点，与画面平行的线无灭点。

5.1.2.2 两点透视常用画法

1）两点透视的图面取景

通常在画透视图之前，要确定视平线的位置、灭点的位置、以人为基本尺度确定所展示建筑的图面整体效果。

（1）视平线的确定。

通常正常二点透视图的视高选取1700毫米，根据不同的视高可以形成仰视、正常、鸟瞰3种不同的视觉效果，如图5-1-2所示。

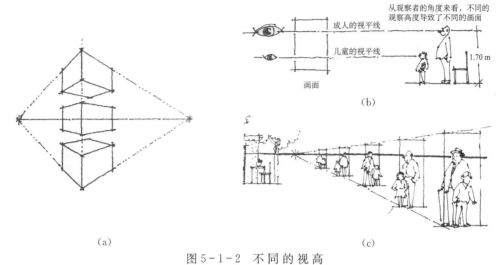

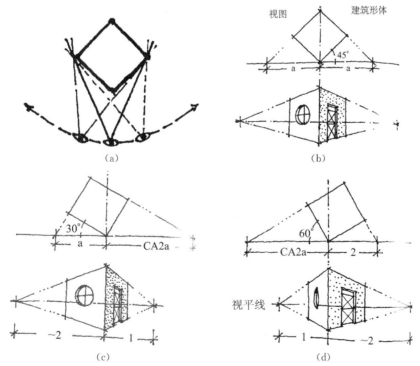

图 5-1-2　不同的视高

(a) 三种不同视觉效果；(b) 不同视平线；(c) 不同视平线的透视效果

（2）相对视线轴灭点位置的确定。

灭点位置有对称与不对称两种，如图 5-1-3 所示。观察者与物体的距离决定了灭点到观察者视线轴的距离。观察者离物体的距离越近，灭点向视线轴移得越近，反之亦然，注意避免灭点与视线轴的距离太近，如图 5-1-4 所示。

图 5-1-3　灭点的位置

(a) 对称与不对称；(b) 对称的位置与透视效果；
(c) 不对称的位置与透视效果一；(d) 不对称的位置与透视效果二

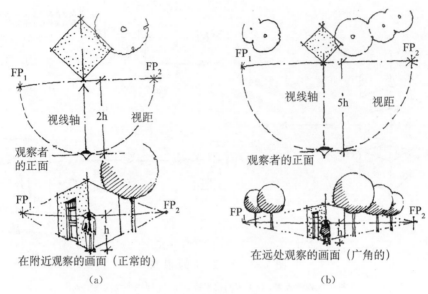

图 5-1-4 灭点到观察者视线轴的距离
(a)距离透视效果一;(b)距离透视效果二

（3）图景比例的确定。

确定灭点距画面中心的距离应依据画面的比例。观察者距物体距离越远,灭点离画面中心的间距就越大。在这里,人将成为一个基本尺度和比例控制的要素,如图 5-1-5 所示。

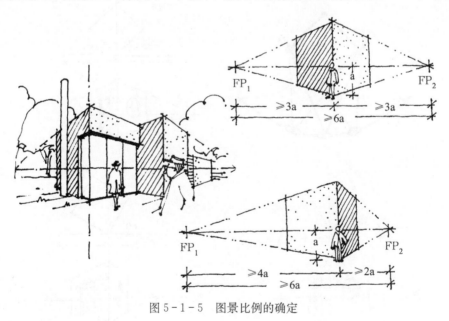

图 5-1-5 图景比例的确定

2) 两点透视的绘制过程

（1）确定视平线。

（2）立点、视线方向的确定。

（3）通过成人视高选择比例。

（4）人的立线与最前面的建筑底线相同。

（5）确定对称或不对称的透视灭点。

（6）按照方案立面设计的高度,画出最前面的建筑边线。

（7）通过透视线画出建筑的墙面。

（8）可见的建筑边缘,由平面草图中引出。

（9）通过透视线将前面的建筑墙面画完。

（10）将建筑细部(门、窗)的高度在最前面的建筑边线上标出,利用引向灭点的辅助线或从平面草图上投影来的边缘线将其完善,如图 5-1-6 所示。

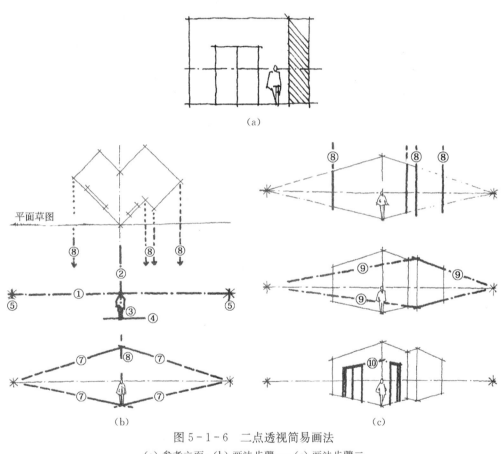

图 5-1-6　二点透视简易画法

（a）参考立面；（b）画法步骤一；（c）画法步骤二

5.2　轴　测　图

5.2.1　轴测图的相关知识

5.2.1.1　轴测图的类型与特性

轴测图按投射方向与轴测投影面是否垂直,分为正轴测图和斜轴测图。正轴测又可分为三等正轴测和二等正轴测,斜轴测可分为正面斜轴测和水平斜轴测。

不像透视图有灭点,导致物体有些平行的线段是消失在灭点,无论哪种类型的轴测图,都具有物体上互相平行的线段在轴测图上仍互相平行的特性。

5.2.1.2 轴测图的简易画法

轴测图简易画法的原理就是首先确定轴测平面图在画面上与水平线的角度;然后确定一个角度(如90°),画相互平行的高度线段,根据立面图上的尺寸确定轴测图不同部分尺寸的高度;最后区别可见线段,擦去不可见的线段,就形成最终的轴测图效果,如图5-2-1所示。

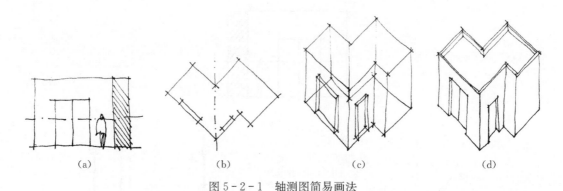

图5-2-1 轴测图简易画法

(a) 参考立面;(b) 参考平面;(c) 确定高度;(d) 擦去不可见线条

5.2.2 轴测图在建筑表现中的应用

5.2.2.1 轴测图的图面布局

1) 图面布局的基本原理

建筑表现图通常采用几张纸或展板展现,各个组成元素(平、立、剖、效果图、详图)等元素可以灵活布置,但是需要有一条贯穿整套图纸的连续、完整的主线和表达的重点。一般而言,建筑表现图的版式遵循以下原则,如图5-2-2所示。

(1) 如果可能,总图应按照指北针朝上的方向来绘制。

(2) 如果图纸在高度上有足够的空间,宜将各层平面图和立面图在垂直方向上对齐排列。

(3) 如果图纸在宽度上有足够的空间,宜将各层平面图和立面图在水平方向上对齐排列。

(4) 建筑的剖面图应与平面图在垂直方向上或与立面图在水平方向上的对齐。

(5) 详图和标注应该有序地或成组布置。

(6) 轴测图和透视图在表现图中是统一整个表现图的综合性图。

(7) 布置图形通常按照从左到右,从下到上的顺序。

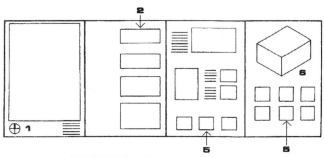

(a) 如果可能，总图应按指北针朝上的方向来绘制（1）；

(b) 如果图纸在高度上有足够的空间，宜将各层平面图和立面图在垂直方向上对齐排列（2）；

(c) 如果图纸在宽度上有足够的空间，宜将各层平面图和立面图在水平方向上对齐排列（3）；

(d) 建筑的剖面图应与平面图在垂直方向上或与立面图在水平方向上对齐（4）；

(e) 详图和标注应该有序地或成组布置（5）；

(f) 轴测图和透视图在表现图中是统一整个表现图的综合性图（6）；

(g) 布置图形通常按从左到右、从上到下的顺序。

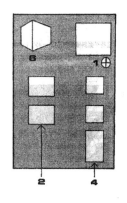

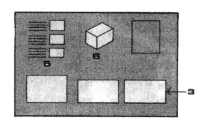

传统的正交投影图，介绍了主要的建筑图的种类。就单幅图而言，这些图的作用并不大。但是，当它们组合在一起，成为一个表现图版式时，这些图就成为一个强有力的表达工具。建筑表现图通常采用几张纸或展板，各组成元素可以灵活布置，但需要有一条贯穿整套图纸的连续、完整的主线和一个表达的重点。

表现图版式

图 5-2-2　图 面 布 局

2）轴测图布局的基本原则

建筑表现图可以选择横向或者纵向排版，但同一套图纸要统一，要么全部横排，要么全部纵排。同一套图纸的每一张图纸上标题位置、大小、字体应尽量统一。图面布置应该饱满，四角守边，遵守虚实相结合的原则。

作为整套表现图最重要的综合性图，轴测图和透视图无论是位置和图幅大小都十分重要，首先要在整个版面位置最醒目，且不小于整个图副的 1/3，一般为整体的 1/3～1/2。

一套建筑表现图，轴测图和透视图往往和总平面图、分析图、设计理念示意图等放在第一张，给人以总体印象。当然其他图纸上也可以根据排版需要设置若干轴测、透视小图，如图 5-2-3、图 5-2-4 所示。

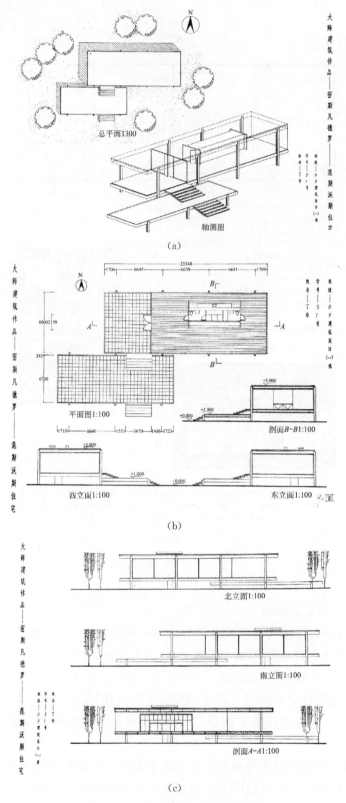

图 5-2-3　轴测图布图横排案例

(a) 范斯沃斯住宅排版一; (b) 范斯沃斯住宅排版二; (c) 范斯沃斯住宅排版三

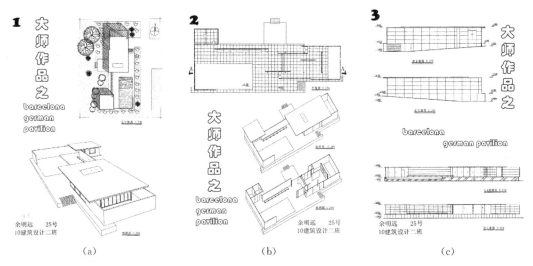

图 5-2-4　轴测图布图纵排案例

（a）德国馆排版一；（b）德国馆排版二；（c）德国馆排版三

5.2.2.2　轴测图作品讲解与图析

1）某高校教工俱乐部轴测图案例

在这个教工俱乐部轴测图案例中，轴测图可以表现建筑的两个不同作用。其一用轴测图来进行建筑结构解析，很好地展示了建筑空间组合与梁柱、屋架等结构和围护结构的关系。其二用轴测图反映建筑外形空间——使用功能与体形的组合关系，特别是很好的展示了屋顶的平坡关系，如图 5-2-5 所示。

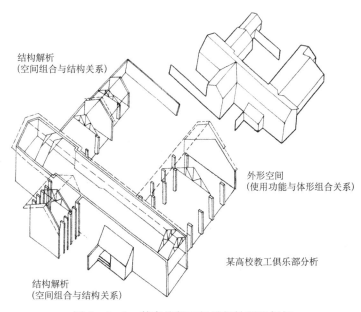

图 5-2-5　某高校教工俱乐部轴测图解析

2）长沙烈士公园——浮香艺苑轴测图案例

（1）概况。长沙烈士公园位于长沙市区东北部的浏阳河畔，基地有良好的自然条件，东部浏阳河湾，水域广阔，西部丘陵岗峦起伏。53 年开始建园，公园现有 118 公顷，水面约占一半面积。

浮香艺苑位于公园东北部的游憩区，该区内沿着宽阔的水面沿岸还布置有茶室、游船码头、餐厅、儿童游戏场等建筑。浮香艺苑属于小型展览建筑，主要分为展览空间、储存空间以及相应的管理、接待、售票等辅助空间。该建筑设有主次两个出入口，售票单独设立在外面。参观者沿湖行进的主路线，同时也是各个展厅空间参观的路径，参观者在欣赏室内陈设物品的同时也能领略到室外风光。

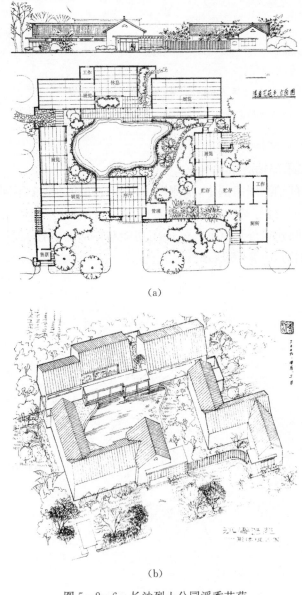

（a）

（b）

图 5 - 2 - 6　长沙烈士公园浮香艺苑

（a）平面图与立面图；（b）轴测图

该建筑借鉴了传统园林建筑的空间处理手法,主要采用坡屋顶、院落围合的空间形态,围绕着中心湖面依次布置建筑序厅、展厅等各个主要功能空间,来与整个长沙烈士公园基地环境相呼应。整个建筑造型运用高低不同的平、坡屋顶形式相结合,错落有致,园林风貌的建筑与环境处理的相得益彰。

　　(2)总平面形体分析。根据环境与建筑空间组成,对总平面形体进行分析。首先参照建筑的平面、立面图和相关背景文字资料,进行读图和识图;然后分析形体组成,选择最佳角度进行形体表现。根据总平面进行屋顶关系推敲,完善整个建筑形体屋顶关系;最后可自制比例尺进行屋顶乃至整个建筑的轴测图绘制,如图 5-2-7 所示。

　　(3)补充建筑细部、环境等,完成整个图面效果。分析出入口和道路关系;根据平面图布置树木、草坪、水面等绿化环境;根据图面整体效果,补充远景或背景绿化关系。

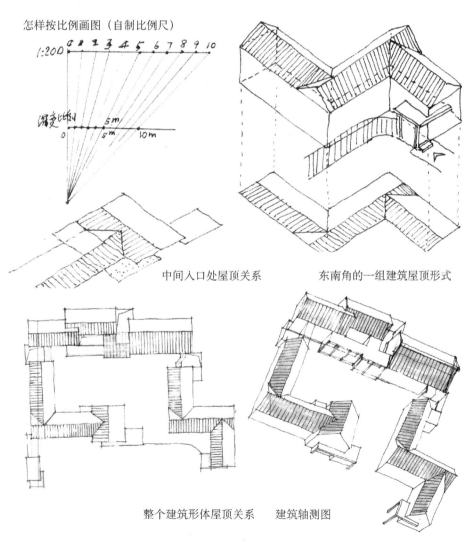

图 5-2-7　长沙烈士公园浮香艺苑轴测图画法解析

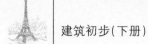

3) 学生作业范例(略)

(1) 迈耶作品。

(2) 安藤作品。

(学生轴测图作业放在第6单元模型的学生作业范例里)

单元作业

1. 作业内容

大师建筑作品之表现(一):抄绘大师建筑的平、立、剖、总平面图,并绘制建筑轴测图(图纸)(2)。

2. 作业要求

(1) 纸张要求:3号白卡纸(420×297)若干张

(2) 排版要求:

① 各层平面图、2个立面图、1个剖图图比例(1∶100)、总平面(1∶500),具体位置根据图面排版自定。

② 建筑轴测图比例、图面排版自定。

③ 标注作业名称、班级、姓名、学号;字体样式、大小自定。

第6单元 表达之模型

 单元课题概况

单元课题时间：本课题共16课时。

课题教学要求：

(1) 了解建筑形态与空间表达的相关知识。

(2) 掌握建筑形态与空间表达建筑模型制作的基本手法。

课题训练目的：

(1) 训练学生利用模型作为空间构思和表达的辅助工具。

(2) 通过模型进一步体验建筑空间。

(3) 培养对建筑空间美的感受和把握能力。

(4) 提高对建筑空间的理解和创造力。

课题作业要求：大师建筑作品表现之模型。

6.1 表达方法之模型

6.1.1 模型的作用

对于空间体量复杂的建筑而言，仅仅用图纸（平面、立面和剖面）是难以充分表达的，建筑模型具有三维空间的表现力，观赏者能从各个不同的角度看到建筑物的体形，空间及其周围环境，能在一定程度上弥补图纸的局限性。特别是下面3个学生作业——大师作品建筑分层模型展示，可以从内至外逐层展示建筑的空间，如图6-1-1所示。

作为实体展示，模型同时也能加深学生对建筑形态与空间从图纸到实体的理解。以德国中心大门为例，通过该建筑的总体模型、平剖模型的展示可以较为直观地帮助学生理解建筑平、立、剖图及总平面图生成的概念，如图6-1-2所示。同时，建筑不同部位的构造模型还可以很好地帮助学生理解与掌握建筑细部构造详图的画法，如图6-1-3所示。

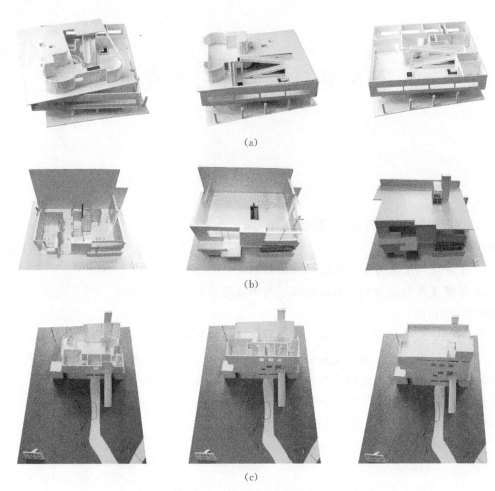

图 6-1-1　分层模型展示

(a) 萨伏伊别墅分层模型；(b) 施罗德住宅分层模型；(c) 史密斯住宅分层模型

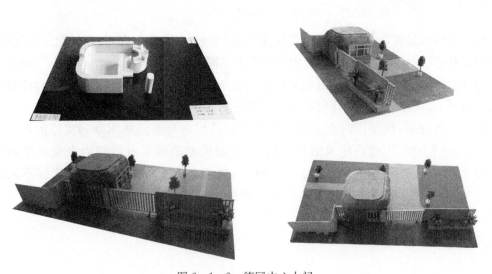

图 6-1-2　德国中心大门

图6-1-3 建筑细部构造模型（台阶、幕墙、墙身与屋顶构造大样）

6.1.2 模型的类型

6.1.2.1 实物模型

1）实物模型的常见类型

成果模型和工作模型是设计不同阶段的产品，两者面向的人群定位不同，制作的理念和效果也不尽相同。

（1）成果模型。

成果模型是设计最终阶段的成果，面向群体大众化理解，模型材料的选择和细部的制作都讲究逼真效果。如图6-1-4所示，两个成果模型案例对建筑本体的制作非常精致，屋顶挑檐、拱窗等细部构造处理非常写实；特别对于建筑场地与环境绿化的表现都相对逼真，道路、广场、河流、草坪等场地用接近真实的材质区分开来，植物、汽车等配景也非常具象。

（2）工作模型。

相比起成果模型力求最大程度的接近实物，工作模型则更加概念化和抽象。工作模型是设计过程阶段性成果，更能反映建筑师设计思想的变化，更适合业内人士的讨论、交流。工作模型材质的选择也相对更加宽泛，只要能突出效果即可。对于建筑本体而言，工作模型主要在于突出体块特点与大的实虚关系；对于建筑场地与环境绿化的表现，不追求整体效果的逼真与写实，而是主要为了反映建筑与场地大

图6-1-4 成果模型

的关系,如不同场地的高差关系,而绿化等配景关系相对概念化和简化提炼,整体呈现出素模效果。

以图6-1-5展示的两个工作模型为例,两个建筑模型都重点反映了建筑与基地,特别是与基地水体的相互关系。模型一的自由水体重点表达曲线的岸边线与岩石材质的表达,以及与水体相呼应的建筑两个体块围合的造型;模型二环境的处理更为抽象,只是用不同颜色的材质区分了草坪、道路和水体关系,建筑体量处理得更为概念化,只是反映了墙体与大面积玻璃的实虚关系。

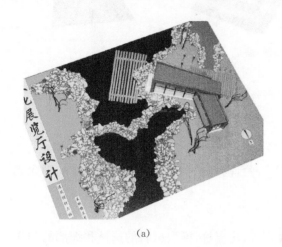
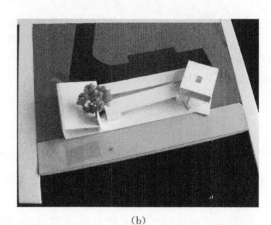

(a)　　　　　　　　　　　　　(b)

图6-1-5　工　作　模　型

(a) 工作模型一;(b) 工作模型二

这里,建筑形态与空间表达所需要制作的模型都属于工作模型的范畴,因为我们只是借助模型制作来加深对建筑形态与空间从图纸到实体的理解,以及帮助学生检验自己对建筑形态与空间的把握程度。

2) 工作模型的常用材料

由于工作模型不必刻意追求逼真的写实效果,所以在材料的选择上相对比较宽泛。常用的材料按照材料制作的属性可以分为以下三大类,如图6-1-6所示。

(1) 条块类。橡皮泥、石膏类、塑料泡沫等属于条块类材料。条块类材料因为手工切割断面较为粗糙,仅适合建筑形态与空间大的体块推敲。

(2) 板类。木板、三夹板、塑料板、硬纸板、吹塑纸板等属于板材类材料。板材类材料便于手工切割和粘接,是工作模型最常用材料之一。厚薄不一样的各种板材类材料,可以用于制作建筑墙体结构;不同透明度的板材还可以用来制作成为各类玻璃材料。

(3) 特殊类。有机玻璃、金属薄板属于特殊类材料,由于切割需要一定工具和技术,因此具体操作时有一定难度,但是用于一些需要特殊表现的建筑部位,如大面积的玻璃幕墙或者玻璃隔墙、大块空间的金属屋顶或天窗等具有较好的效果。

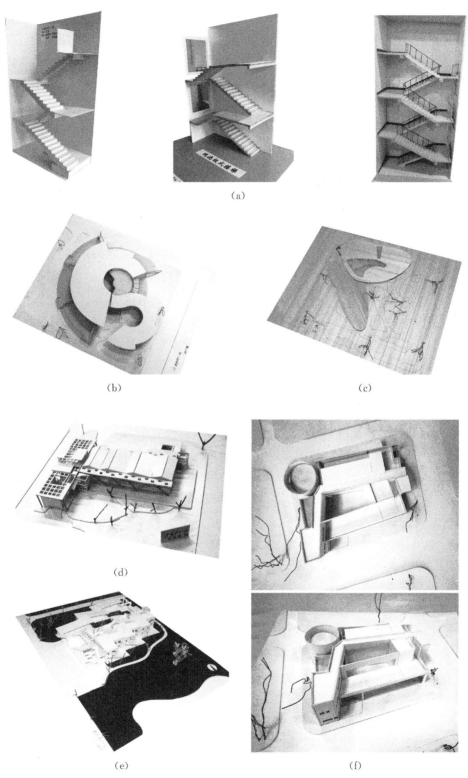

图6-1-6　模型的材料

（a）不同材料一；（b）不同材料二；（c）不同材料三；（d）不同材料四；（e）不同材料五；（f）不同材料六

6.1.2.2 虚拟模型

虚拟模型就是在电脑中运用像 sktchup 等三维软件进行建模,建好的模型不仅可以任意分层断面,直观方便且易保存,还能进行动画展示,这必将成为今后的一个使用趋势。

6.2 大师建筑作品模型表达案例

6.2.1 巴塞罗那国际博览会德国馆(1929)

6.2.1.1 相关背景知识

了解大师建筑作品的相关背景知识,对于理解建筑形态与空间非常必要。由此不仅可以理解大师建筑设计手法,同时可在更深层面上理解建筑师的设计理念与思想。巴塞罗那国际博览会德国馆是密斯·范·德·罗的代表作品,建成于 1929 年,博览会结束后该馆随之拆除,其存在时间不足半年,但其所产生的重大影响一直持续着。密斯认为,当代博览会不应再具有富丽堂皇和竞市角逐功能的设计思想,应该跨进文化领域的哲学园地,建筑本身就是展品的主体。密斯·范·德·罗在这里实现了他的技术与文化融合的理想。在密斯看来,建筑最佳的处理方法就是尽量以平淡如水的叙事口吻直接切入到建筑的本质:空间、构造、模数和形态。

这座德国馆建立在一个基座之上,主厅有 8 根金属柱子,上面是薄薄的一片屋顶。大理石和玻璃构成的墙板也是简单光洁的薄片,它们纵横交错,布置灵活,形成既分割又连通,既简单又复杂的空间序列;室内室外也互相穿插贯通,没有截然的分界,形成奇妙的流通空间。整个建筑没有附加的雕刻装饰,然而对建筑材料的颜色、纹理、质地的选择十分精细,搭配异常考究,比例推敲精当,使整个建筑物显出高贵、雅致、生动、鲜亮的品质,向人们展示了历史上前所未有的建筑艺术质量。展馆对 20 世纪建筑艺术风格产生了广泛影响,也使密斯成为当时世界上最受注目的现代建筑师。

6.2.1.2 识图环节

根据第二次作业大师作品资料收集的相关文字、图片资料与背景知识,以及第五次作业大师作品之轴测图表现的图纸,对大师作品进行识图。将不同角度的图片所展示的场景与该角度在图纸上位置一一对应起来,逐步建立起对大师作品空间与形态的完整的空间形象。识图环节是大师建筑作品模型表达的关键,通过大师作品识图过程的讲解,可以帮助同学们理解建筑表达从二维到三维的转变。以德国馆为例,如图 6-2-1 所示。第一张图纸安排的是总平面图和一张主要透视图,对照着相应的主入口处的几张外观图片,我们可以建立起对该建筑主入口外观的整体印象;第二张图纸安排的是一层平面图和去掉屋顶的室内轴测图,对照着相应的室内不同角度的图片,再加上第三张补充的局部细部照片,由此逐步建立起该建筑由内至外的空间构成与由整体到局部的形态构成的相互关系。

6.2.1.3 模型制作

对大师作品进行整体认读后,就到了模型制作环节。本章通过大师作品模型表达案例分析来讲解模型制作的基本方法。工作模型制作最重要的一个特点就是概念化,体现在材

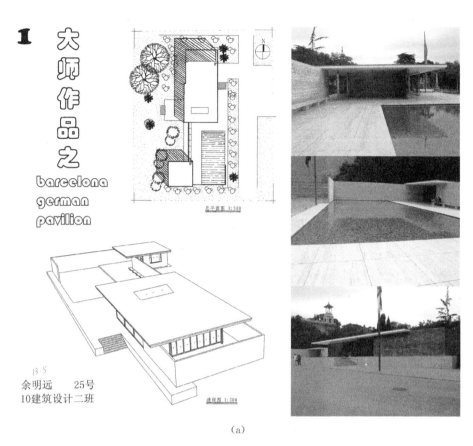

（a）

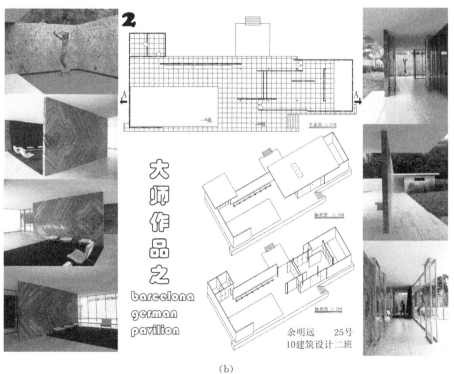

（b）

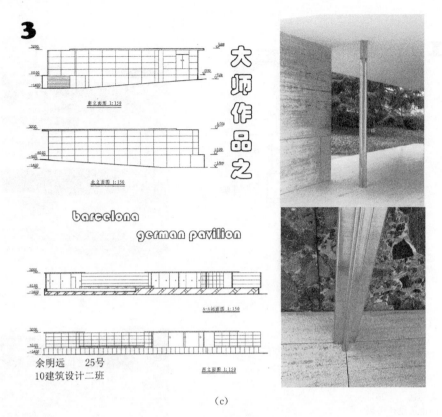

(c)

图 6-2-1 德国馆识图

(a)德国馆图一；(b)德国馆图二；(c)德国馆图三

料的选择与表达，细部构造表达的简化，重在空间与形态的表达等几个方面。其中材料的选择是最为关键的一步。材料的选择决定了整个模型制作的整体基调。因为工作模型的制作重点在于表现建筑的空间与形态，而非具体细节构造或材质的真实程度，所以模型材料的选取以区分建筑实和虚的大关系为主，模型材料与所表达的真实材料不一定要完全相似。建筑与场地的关系要处理得相对简洁干净，模型整体呈现素模效果，抓住建筑与环境中一、两个重点表达的地方成为点睛之笔。模型制作材料选择后就可以进行材料放样以及材料拼接组合，直至完成模型制作。

下面通过对同一大师作品德国馆不同学生建筑模型的表达比较，来讲解工作模型制作以上的特点。首先，因为德国馆是单层建筑，两位同学都是通过将屋顶的透明化材质处理，以达到本次模型制作要求分层展示建筑内部空间的任务要求。其次，对于基座上联系德国馆两个部分的重要室外环境——水池，两位同学都做了重点处理，并且抓住水池的不同特质进行表达。一位运用蓝色材质来表达是水池的颜色，另一位则在水池底部放置象征着碎石的木屑，其上衬着一层透明的塑料板来反映水面的清澈感；最后对于重点表达的部位，两位同学不约而同地想反映该建筑最大特点——流动空间，但在具体处理手法略有不同。因为德国馆的框架承重结构是其流动空间形成的重要保障，其中一位同学选取了德国馆的柱子，在整体黑色建筑模型主体中用红色点睛；而另外一位同学则选择在整体白色素模中重点表现纵横交错，布置灵活的隔墙，这些隔墙也正是形成既分割又连通的流通空间的重要因素，如图6-2-2所示。

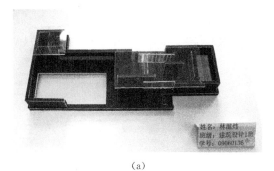

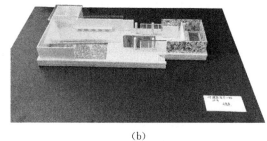

(a)　　　　　　　　　　　　　　　　　　(b)

图 6-2-2　德国馆模型表达

（a）模型表达一；（b）模型表达二

6.2.2　学生作业范例

6.2.2.1　安藤作品

光之教堂是安藤忠雄"教堂三部曲"（风之教堂、水之教堂、光之教堂）中最为著名的一座。学生通过对光之教堂整体图纸的抄绘、轴测图的绘制及模型的制作，理解与体验该建筑空间，如图 6-2-3 所示。

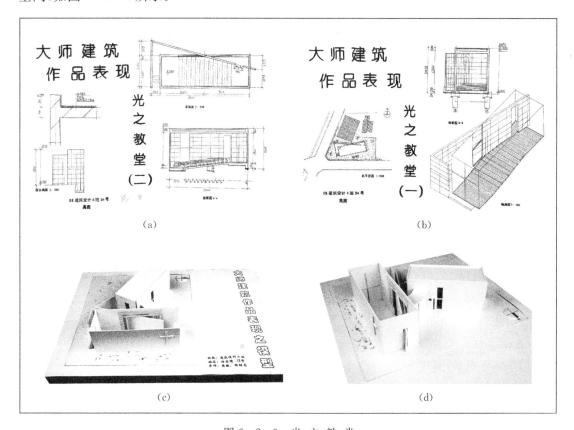

(a)　　　　　　　　　　　　　　　　　　(b)

(c)　　　　　　　　　　　　　　　　　　(d)

图 6-2-3　光 之 教 堂

（a）轴测图抄绘一；（b）轴测图抄绘二；（c）模型一；（d）模型二

6.2.2.2 迈耶作品

GIOVINNITTI住宅是理查德·迈耶于1979—1983年在宾夕法尼亚州匹兹堡设计的住宅作品,如图6-2-4所示。

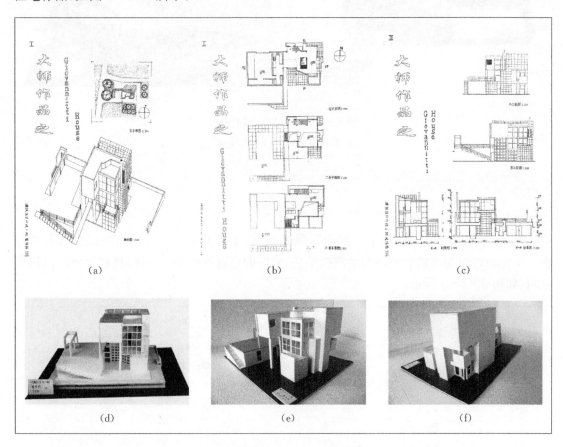

图6-2-4 GIOVINNITTI住宅

(a)轴测图抄绘一;(b)轴测图抄绘二;(c)轴测图抄绘三;(d)模型一;(e)模型二;(f)模型三

单元作业

1. 作业内容

大师建筑作品之表现(二):根据大师建筑的平、立、剖、总平面图、轴测图等相关资料,制作模型。建筑模型制作作业——制作大师建筑的整体模型(模型)(4)

2. 作业要求

(1)材料要求:自定

(2)底板要求:

①黑色KT板(360×500)。

②建筑模型比例自定。

③标注作业名称、班级、姓名、学号;字体样式、大小自定。

结 束 语

建筑形态与空间研究关注的是建筑形态与空间的物质实体要素在建筑中的视觉效果，但是建筑形态与空间还具有它内在含义——联想的价值和象征的内容，这些内在含义受到人为解释和文化影响的支配，并且随着时代的变化而不断变化。虽然建筑符号和象征意义等内在含义不在本书研究范围，但实际上，建筑形态与空间的研究不仅仅为了视觉效果或实用目的，正如柯布西耶在《走向新建筑》中所说的：

"你使用石头、木头和水泥这些材料来建造房子和宫殿，这就是建造。人的智慧由此开始工作。"

"我的房子是实用的。我感谢你，正像我感谢铁路工程师和电话公司一样，但是你们没有触动我的心。"

"但，突然间你触动了我的心，你给我做得好，我感到愉快。我说：'这就是美'，这就是建筑，艺术由此而入。"

从构成的视角来理解建筑形态和空间仅是初学者学习与体验建筑的一种方法而已。

黄 琪

2013 年 12 月

图 片 索 引

注:所有图片除了标注出处以外均为作者自摄或绘制,所有学生作业除了标注出处以外均为济光学院 2008 级至 2010 级学生作业。

主要参考文献

[1] 田学哲.建筑初步(第二版)[M].北京:中国建筑工业出版社,2007.

[2] 程大锦,刘丛红,译.建筑:形式、空间和秩序(第三版)[M].天津:天津大学出版社,2008.

[3] (美)罗杰·H·克拉克,迈克尔·波斯.世界建筑大师名作图析(原著第3版)[M].包志禹,汤纪敏,译.北京:中国建筑工业出版社,2006.

[4] 迪特尔·普林茨,迈那波肯.建筑思维的草图表达[M].赵巍岩,译.上海:上海人民美术出版社,2005.

[5] 高毅.设计基础·平面构成[M].上海:东方出版社,2002.

[6] 辛华泉.立体构成[M].武汉:湖北美术出版社,2002.

[7] 同济大学建筑系建筑设计基础教研室.建筑形态设计基础[M].北京:中国建筑工业出版社,1981.

[8] 建筑设计资料集(1)(第二版)[M].北京:中国建筑工业出版社,1994.